Pia Struck
Game Change: Das Ende der Hierarchie?

Pia Struck

Game Change: Das Ende der Hierarchie?

Unternehmen erfolgreich in die Zukunft führen

Bibliografische Information der Deutschen Nationalbibliothek
Die Deutsche Nationalbibliothek verzeichnet diese Publikation in
der Deutschen Nationalbibliografie; detaillierte bibliografische
Informationen sind im Internet unter http://dnb.d-nb.de abrufbar.

ISBN 978-3-86936-725-5

Lektorat: Christiane Martin, Köln I www.wortfuchs.de
Umschlaggestaltung: Stephanie Böhme I Strategische
Konzeption und Design
Autorenfotos: Astrid Obert, München
Satz und Layout: Das Herstellungsbüro, Hamburg I
www.buch-herstellungsbuero.de
Druck und Bindung: Salzland Druck, Staßfurt
Copyright © 2016 GABAL Verlag GmbH, Offenbach

www.gabal-verlag.de
www.twitter.com/gabalbuecher
www.facebook.com/Gabalbuecher

Inhalt

Meinem Mann.
Meinen Kindern.
Meinen Eltern.

Ihr seid eine große Kraft.
Ich bin Euch unendlich verbunden.

Prolog

Liebe Leserinnen und liebe Leser,

kennen Sie die Hinter- und die Vorderbühne in Unternehmen und Konzernen? Auf der Vorderbühne besprechen sich Mitarbeiter und Führungskräfte in Meetings mithilfe von PowerPoint- und Excel-Dokumenten, die vorher in verschiedenen Abstimmungsschleifen »aligned« wurden. Sie befüllen und ändern KPI-Dokumentationen, Balanced Scorecards, Ampelsysteme und Ablaufhandbücher. Sie implementieren Prozesse und neue Strukturen, dokumentieren, motivieren, rechtfertigen, planen und setzen manches davon auch um.

Auf der Hinterbühne aber klagen dieselben Mitarbeiter und Führungskräfte über diesen Wahnsinn. Sie tauschen sich darüber aus – auf dem Flur, in der Kantine und hinter verschlossener Tür. Sie zweifeln an, ob das Unternehmen mit der Vielzahl steuernder, abstimmender und kontrollierender Tätigkeiten jenseits der direkten, wertschöpfenden Kernleistung des Unternehmens noch lange so weitermachen kann. Und sie fragen sich, warum es das Unternehmen nicht schafft, das Know-how der Mitarbeiter und Kunden mehr in die Gestaltung des Ganzen einfließen zu lassen.

Die meist folgenlosen Diskussionen auf der Hinterbühne zeigen, wie die heutige Art und Struktur der Zusammenarbeit Mitarbeiter und auch Führungskräfte überfordert und deprimiert. Gleichzeitig ruft das Management laut nach mehr internem Unternehmertum, bereichsübergreifendem Denken und Handeln, mehr Eigeninitiative und Verantwortungsübernahme der Mitarbeiter. Aber alle machen weiter wie bisher, denn das System scheint unumgänglich und von der obersten Führung vorgegeben und gewollt.

Wie kann ein anderer Weg aussehen? Das ist die Frage, die mich in meiner Arbeit in den großen Konzernen dieses Landes seit nunmehr 15 Jahren beschäftigt. Zunächst hat mich die Suche nach Alternativen vor allem deshalb interessiert, weil ich es erschreckend fand, wie wenig die Strukturen der großen Konzerne es schaffen, das Herzblut ihrer Mitarbeiter fließen zu lassen. Nur 14 Prozent der Mitarbeiter in großen Unternehmen sind sehr motiviert. Mir war immer klar, dass ein Mensch, der mit Leidenschaft seiner Arbeit nachgeht, um ein Vielfaches bessere Arbeit leistet. Und ich wunderte mich immer wieder darüber, dass nicht dieser Aspekt in den Vordergrund von Effizienzdiskussionen gelangt. In den letzten Jahren kam ein weiterer wichtiger Aspekt dazu, als ich immer mehr beobachten konnte, wie die Strukturen der Konzerne auch dazu führen, dass kreative Mitarbeiter die Unternehmen verlassen und diese zu Monokulturen der Rationalen, Durchsetzungsfähigen oder Angepassten werden. Ich fragte mich, was das für die Innovationsfähigkeit bedeuten würde, und konnte gleichzeitig beobachten, wie ein Effizienzprojekt dem nächsten folgte.

Die Start-up-Kultur und die vielfältigen, sehr erfolgreichen auf Digitalisierung beruhenden Geschäftsmodelle haben mir dann vor Augen geführt, welche Gefährdungssituation sich für die klassischen Konzerne aufbaut, wenn sie es nicht schaffen, die Art ihrer Zusammenarbeit strukturell und kulturell zu verändern. Das war für mich der Auslöser, strukturiert zu erforschen, welche Faktoren denn die Vorderbühne von der Hinterbühne trennen und was genau die 86 Prozent wenig motivierte Mitarbeiter beklagen. Außerdem wollte ich der Frage nachgehen, ob es Unternehmen gibt, die ein anderes Vorgehen gewählt haben und dadurch andere Ergebnisse erzielen.

Gerne möchte ich Sie mit diesem Buch einladen, meinem Forschungsprozess zu folgen und die spannenden Entdeckungen zu verstehen, die ich machen durfte. Vielleicht gelingt es mir, Ihre Neugier zu wecken auf Fragen, die Ihnen heute möglicherweise unlösbar erscheinen: Wie kann man in neun Jahren ein Unternehmen organisch aufbauen, das heute 9500 Mitarbeiter hat, Marktführer mit 60 Prozent Marktanteil ist, stets schwarze Zahlen schreibt und mit 60 Personen Overhead und ohne eine einzige Führungskraft auskommt? Warum ist es am effizientesten und rational auch am klügsten, auf Kontrolle im Unternehmen gänzlich zu verzichten?

Die Reise in diesem Buch beginnt mit einer Analyse, um den Fehler zu vermeiden, die einfachen Lösungen der Vergangenheit zu reproduzieren. Es geht um fundiertes neues Denken und neues Handeln, liebe Leserinnen und Leser, und keinesfalls um »Quick Wins«. Mein Fazit heute ist: Es muss sich definitiv etwas Großes ändern in den Unternehmen. Und dafür braucht es Mut, Know-how und Menschen wie Sie, die die Gesamtzusammenhänge verstanden haben und sie tatkräftig in die Unternehmensrealität einfließen lassen möchten.

Und nun noch eine augenzwinkernde Warnung meinerseits: Es könnte passieren, dass Sie mit manifesten Glaubenssätzen konfrontiert werden, die Ihr Handeln bisher gelenkt haben und die Sie auf Basis neuer Erkenntnisse nun über Bord werfen.

Es würde mich sehr freuen, wenn Sie mit mir unter www.piastruck.de/blog über die im Buch dargestellten Thesen und Zusammenhänge diskutieren. Ganz besonders schätze ich sachlich-fundierte Kontroversen. Sie auch?

> **Der Mensch per se ist nicht entweder gut und eigenmotiviert oder unwillig und ungenau, sondern es sind die Strukturen und die Kultur einer Organisation, die bestimmen, welche Seite zum Vorschein kommt.**

Herzlichst Ihre Pia Struck

P.S. Und ganz zum Schluss der folgende Hinweis: Im gesamten Buch verwende ich meist männliche Formen, zum Beispiel der Kunde, der Mitarbeiter und so weiter. Es sind in diesen Fällen immer Frauen und Männer gemeint, aber zugunsten der besseren Lesbarkeit habe ich meist auf die Nennung beider Geschlechter verzichtet.

Was Unternehmen beeinflusst

Der Wandel der äußeren Einflussfaktoren auf und der inneren Anforderungen an Unternehmen und Konzerne ist seit einigen Jahren dramatisch. Längst befinden wir uns in einer Welt, die sich stetig und schnell ändert. Doch nicht die Massivität des Wandels ist bemerkenswert, sondern auch, dass die Unternehmen fast schon kollektiv von der Komplexität der neuen Herausforderungen überfordert sind. Sie nutzen die alten Landkarten, um in der neuen Welt zu navigieren. Die Verunsicherung der Unternehmen ist nicht sofort offensichtlich, sondern sie ist erst in den letzten Jahren stetig gewachsen und wird zunehmend offener benannt. Die Überforderung zeigt sich in den Unternehmen in einer Haltung, die es unmöglich macht, eine Analyse der mittelfristigen Einflussfaktoren auf das Unternehmen zu erstellen und adäquate Reaktionen darauf zu entwickeln. Und sie zeigt sich auch darin, dass die Verunsicherung nicht in den offiziellen Unternehmensforen angesprochen, sondern tabuisiert und dadurch auf die Hinterbühne des Unternehmens – in Kaffeeküchen- und Kantinengespräche – verbannt wird.

Die Unternehmen beschäftigen sich in ihrem gemeinsamen Denk- und Diskussionsprozess nach wie vor fast ausschließlich mit der schrittweisen Verbesserung und Weiterentwicklung ihrer bestehenden Produkte. Ich nenne dieses Vorgehen den Weg der inkrementellen Optimierung. Ein solches Vorgehen sind sie gewohnt, hierin sind sie sehr gut. Aber diese Gewohnheit verstellt ihnen die Sicht auf Einflussfaktoren, die mittelfristig das gesamte Geschäft des Unternehmens bedrohen. In den USA gibt es eine neue Wortschöpfung: being kodaked. Sie steht für Unternehmen, die den Wandel nicht meistern und vom Markt verschwinden, so wie es Kodak als ehemaligem Marktführer im Bereich der analogen Fotografie erging. Durch die Verweigerung, sich mit der Zukunft zu beschäftigen, weil sie zu bedrohlich für das bestehende Geschäft wirkte, ist das Unternehmen ganz verschwunden.

Die Kopf-in-den-Sand-Strategie ist also keine – doch genau dieses Vorgehen haben Konzerne hierzulande jahrelang praktiziert. Nehmen Sie nur die Mehrheit der deutschen Automobilkonzerne und das Thema Elektromobilität. Jahrzehntelang behauptete man mit Inbrunst, das sei nicht sinnvoll, nicht machbar und so weiter. Erst der Erfolg von Tesla, die großen Fortschritte von Toyota und der Markteintritt von Innovationsplayern wie Google haben dazu geführt, dass hier ein Umdenken passiert. So haben sich endlich im November 2015 die Konzerne Daimler und Volkswagen zusammengetan, um die wichtige Frage der Batterieproduktion gemeinsam zu lösen. Die Tatsache, dass Elon Musk, der Gründer von Tesla, verkündet hat, in einer strukturschwachen Gegend Deutschlands eine Batterieproduktion aufzubauen, hat dazu sicher beigetragen.

Im Epizentrum dieses Umgangs mit den disruptiven äußeren Veränderungen auf das Unternehmen stehen das Topmanagement-Team und seine Arbeitsweise. Ich kenne wenige Teams, die miteinander einen Denk-und Diskussionsprozess vollziehen, in dem sie sich gemeinsam eine Sichtweise auf die wesentlichen Herausforderungen der Zukunft erarbeiten. Würden sie das tun, wäre viel geschafft auf dem Weg »not to be kodaked«. Zumeist ist die Arbeitsweise des Topmanagement-Teams hochgradig arbeitsteilig organisiert, was in der gesamten Organisation zu dem Effekt der »Silobildung« beiträgt. So vorzugehen, mag für Unternehmen adäquat sein, deren Rahmenbedingungen stabil sind. Die Herausforderungen heute brauchen jedoch übergreifende, vernetzte und das gesamte Unternehmen betreffende Lösungen – und die werden so nicht hervorgebracht, weil dafür »die Silos« gemeinsam zum Wohle des Ganzen agieren müssten. So kommt es weiter häufig nur zu Optimierungen anstatt zu wirklichen Innovationen – genau diese braucht es aber, um zukunftsfähig zu sein und zu überleben.

> **»Not to be kodaked« – das muss das Ziel von Unternehmen sein.**

Kennen Sie die kleine Geschichte vom Frosch im Wassertopf? Durch die nur gradweise Erhitzung des Wassers verpasst der Frosch den Zeitpunkt, sein Leben durch den ihm jederzeit möglichen Sprung aus dem Topf zu retten. Er stirbt. Ich möchte Sie einladen, mit mir zu schauen, wie heiß das Wasser in den Unternehmen ist, welche Faktoren zu dieser Erhitzung beitragen, und ich möchte auf die Suche nach Lösungen und funktionierenden Ansätzen gehen, mit denen die hoch krisenhafte, aber in großen Teilen unbewusste Situation der großen Unternehmen verändert werden kann. Nur so können Konzerne sich am Markt gegenüber den Unternehmen behaupten, die in den letzten 15 Jahren bereits mit einer völlig anderen Strategie, Kultur und Struktur gegründet wurden. Ich halte die Gestaltung dieses Wandels für die zentrale Aufgabe jedes Topmanagement-Teams und jeder Führungskraft heute. Nur durch das Annehmen dieser mutigen und durchaus komplexen Aufgabe wird es gelingen, das Unternehmen durch die von starkem Wandel und Unsicherheit geprägte und die Unternehmen revolutionierende Zeit zu navigieren.

Welche starken Wirkkräfte beeinflussen denn überhaupt das heutige Umfeld der Unternehmen besonders und werfen ihre Schatten auf das Morgen voraus? Die Grafik auf der folgenden Seite soll Ihnen einen ersten Eindruck vermitteln.

Digitalisierung und Internet

»Alles, was digitalisiert werden kann, wird digitalisiert werden.«
ANGELA MERKEL

Ein Ereignis oder eine Erfindung, das bzw. die dazu führt, dass ganze gesellschaftliche oder unternehmerische Umwelten und ihre bis dahin zum Erfolg führenden Strategien sich radikal verändern, bezeichnet man auch als Game Change. Solche Ereignisse sind äußerst selten und prägen und verändern die Menschheitsgeschichte elementar. In unserer Vergangenheit waren es die Zähmung und Nutzung des Feuers, die Erfindung des Rads, der Buchdruck, die Nutzbarmachung

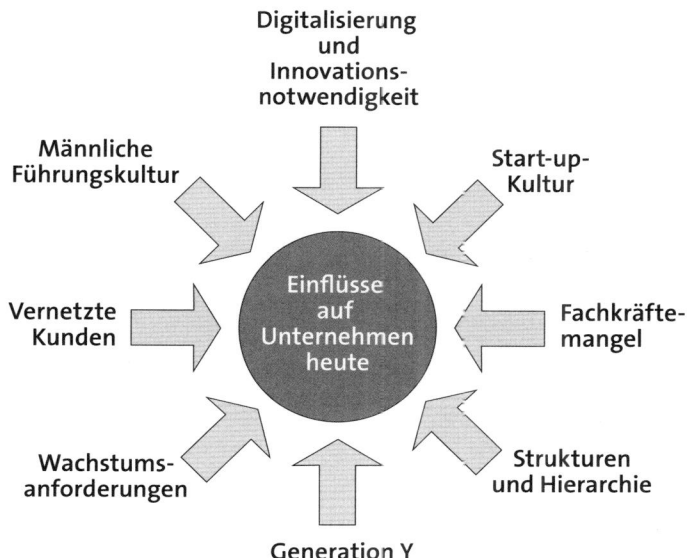

der Elektrizität und die Entwicklung des Verbrennungsmotors, die zu disruptiven Weiterentwicklungen in der Menschheit geführt haben.

Für Wirtschaftsunternehmen haben diese Veränderungen ebenfalls radikale Folgen, weil sie den Einfluss unterschätzen oder gar nicht in der Lage sind, ihre Produkte und Dienstleistungen so weiterzuentwickeln, dass sie weiterhin attraktiv sind. So gab es natürlich früher sehr erfolgreiche Kerzen- oder Kutschenhersteller, deren Namen heute niemand mehr kennt, weil die Firmen Osram, Daimler und Ford die Märkte der Beleuchtung bzw. der individuellen Mobilität übernommen haben. Warum ist das wichtig zu verstehen? Weil wir den nächsten Game Change haben und die Geschäftsmodelle vieler deutscher Unternehmen trotzdem noch aus ›Kerzen- und Kutschenherstellen und -verbessern« bestehen. Aber es ist noch schlimmer: Die meisten Kerzen- und Kutschenhersteller verstehen leider noch gar nicht, dass unsere Wirtschaft mittendrin ist in einem derartigen disruptiven Wandel.

Der Game Change, der unsere Wirtschaft und unsere Art zu arbeiten in den letzten beiden Jahrzehnten massiv verändert hat, ist die Digitalisierung mit all ihren nachfolgenden Auswirkungen. Eine für uns nicht mehr wegzudenkende Folge der Digitalisierung ist die Entstehung des Internets. Seine Erfindung hat zunächst dafür gesorgt, dass wir wesentlich schneller und einfacher miteinander kommunizieren können. Das hat die Kontakthäufigkeit zwischen den Mitarbeitern in den Unternehmen drastisch erhöht. Vielleicht erinnern Sie sich noch an vergangene Zeiten, in denen man auf das klassische Tastentelefon am Arbeitsplatz und den Postbrief angewiesen war, um miteinander zu kommunizieren, wenn ein direktes Gespräch von Angesicht zu Angesicht nicht möglich war. Wie viel langsamer, informations-und kontaktärmer war diese Zeit im Vergleich zu heute – und wie stark hat sie sich in den letzten zirka 25 Jahren gewandelt und tut es noch.

Die Neugestaltung der Kommunikation ist immer noch in der Entwicklung und wir suchen nach einer Form, die unsere Arbeit und unser Leben optimal unterstützt.

Die Nutzung von E-Mails beispielsweise steigt stetig weiter: Derzeit werden täglich weltweit rund 89 Millionen E-Mails versendet – mit einer jährlichen weiteren Wachstumsquote von 13 Prozent (Quelle: statista.de). Gleichzeitig werden in den Unternehmen Stimmen laut, die das nicht nur positiv kommentieren – der Stress, den diese Kontakthäufigkeit und die sich auf den Abend und das Wochenende erstreckende Erreichbarkeit auslöst, tritt verstärkt ins Bewusstsein. Die Tatsache, dass wir das Internet mit mobilen Geräten überall nutzen können, hat zu einer großen Durchlässigkeit der Grenzen zwischen Beruf und Privatleben geführt. Und wir stecken hier immer noch in den Kinderschuhen: 2007 kamen die ersten Smartphones auf den Markt – erst sie haben den Schritt ermöglicht, fast jeden Menschen überall und zu jeder Zeit mit Informationen und Kommunikationsanfragen erreichen zu können. Wir befinden uns in diesem Neuformungsprozess unserer Kommunikation an einem Punkt, der etwa einem Zeitpunkt in der Vergangenheit entspricht, der vermutlich irgendwo zwischen den von den Neandertalern genutzten Flintsteinen und Messer und Gabel liegt. Von einer »Kulturtechnik moderner

Tischsitten« lässt sich da ganz sicher noch nicht reden. Zugegeben, die Entwicklungsgeschwindigkeit ist heute eine andere, aber die Neugestaltung der Kommunikation im digitalen Zeitalter ist immer noch in der Entwicklung und wir suchen individuell und kollektiv nach einer Form, die unsere Arbeit und unser Leben optimal unterstützt. Haben Sie Kinder mit Smartphones zu Hause? Dann wissen Sie ja, was ich meine.

In Unternehmen führt die veränderte Kommunikationsart also nicht nur zur Entlastung. Gerade die Leichtigkeit, mit der Kommunikation via E-Mail, Chat und SMS passiert, führt zu einem erheblichen Ausmaß an Fehlsteuerungen und unnötig Involvierten. Jeder wird von seinen eigenlichen Aufgaben abgelenkt, wenn er Nachrichten – egal über welchen Kanal – erhält. Dadurch, dass die Kommunikation auf diesen digitalen Wegen so verführerisch schnell und leicht durchzuführen ist, fehlt oft auch die Zeit für die ausreichende Reflexion des Inhalts, für eine passende Antwort und die Auswahl eines adäquaten Adressatenkreises. Die gesamte Kommunikation ist beschleunigt, und so wird auch sehr oft die erste spontane Reaktion, der erste spontane Gedanke genommen, um eine Nachricht zu formulieren. Meistens enthalten Mails aber Konkretisierungen, Aussagen, Nachfragen oder gar Handlungsanweisungen. Und der Empfängerkreis reagiert auf die gleiche Art: wenig Reflexion, Antwort an alle, Anweisungen weiterschieben ... Was hier in den Unternehmen stattfindet, gleicht einem Pingpongspiel, bei dem jeder Spieler versucht, den Ball in der Luft zu halten und ihn möglichst schnell wieder aus dem eigenen Bereich in den Bereich der anderen zurückzuschlagen. Überproportional häufig entstehen so Missverständnisse, die sich im System potenzieren und dadurch die Zeit für saubere, konzeptionelle Arbeit, Vorbereitung, Nachfragen, Austausch mit anderen und so weiter radikal dezimieren.

Die Art, wie die Digitalisierung unsere Kommunikationsweise verändert, hat die Globalisierung im heutigen Umfang ermöglicht. Die kommunikative Nähe der Weltteile zueinander hat zu einer gesteigerten Vergleichbarkeit von Waren und Dienstleistungen geführt, die unmittelbar auf das Wie und Wo der Leistungserbringung von Unternehmen Einfluss nimmt und den Möglichkeitsraum stark erweitert. Außerdem hat die Schaffung von firmeninternen Netzwerken dazu geführt, dass Prozesse und Kooperation unterstützt und effizienter gestaltet werden. Ein weiterer massiver Veränderungseinfluss ist die Tatsache, dass Video-, Audio- und Textinformationen seither zu Grenzkosten nahe null zur Verfügung gestellt und jederzeit von einem großen Teil der Weltbevölkerung abgerufen werden können. Ein Effekt, der die gesamte Medien- und Unterhaltungsindustrie umwälzt. Die Schwächung der Rolle der ehemals übermächtigen Hollywood-Studios zugunsten von Anbietern wie Netflix oder YouTube sind eine Folge. Die Erosion des klassischen Journalismus durch Gratisinhalte im Netz, neue Online-Medien und privat gestartete Blogs, die durch gute Inhalte über Social-Media-Marketing Nutzer generieren, eine weitere. Allein die Tatsache, dass Alphabet (ehemals Google) – ein Anbieter, den alle jahrelang nur für eine Suchmaschine hielten und der Digitalisierung wirklich verstanden hat – heute das mächtigste Unternehmen der Welt ist, sollte eigentlich deutlich zeigen, was die Stunde geschlagen hat.

Gerade vor dem Hintergrund, dass ständig neue Ideen, Methoden, Apps, Marktplätze und Systeme auf dem Markt erscheinen, die etwas anbieten, auf das bisher keiner gewartet hat, das aber einschlägt wie eine Bombe, macht deutlich, an welcher Stelle dieser Entwicklung wir stehen. Wissen Sie, dass es Kodak-Ingenieure waren, die die Digitalfotografie erfunden haben? Und wissen Sie, dass es das Kodak-Topmanagement war, das es abgelehnt hat, diese Erfindung auf den Markt zu bringen? Man argumentierte damals damit, dass die Digitalfotografie eine Bedrohung für die Mitarbeiter sei. Eine krasse Fehleinschätzung, denn genau deshalb arbeitet heute bei Kodak kein einziger Mitarbeiter mehr.

Die Digitalisierung erfasst eine Branche nach der anderen und stellt bestehende Geschäftsmodelle auf den Kopf. Wir sind in einem Wandlungsprozess, der abhängig von Wertschöpfungstiefe, Affinität der Produkte zur Digitalisierung und Patentschutz bestehender Produkte Branche für Branche durchläuft. Und gleichzeitig erlebt Deutschland eine wirtschaftlich sehr stabile, erfolgreiche Zeit, die möglicherweise die trügerische Sicherheit suggeriert, es werde schon nicht so dramatisch werden. Gefährlich ist dabei die Haltung vieler Unternehmen, die die Digitalisierung bereits als Selbstverständlichkeit oder wahlweise auch als Störung wahrnehmen und behandeln. Durch diese Einstellung wird der sich immer stärker abzeichnende revolutionierende Effekt auf die Art, wie gearbeitet wird und welche möglichen neuen Geschäftsmodelle möglich sind, nicht mehr wahrgenommen. Frosch im Wassertopf ... Natürlich fehlt den Führungskräften im Unternehmen auch schlicht die eigene Erfahrung mit einem solchen Game Change, um die Dauer des Prozesses, seine Phasen und die Wichtigkeit eines unternehmensübergreifenden Innovationsbewusstseins abzuschätzen. Es wird nicht verstanden, dass das gesamte Unternehmen eine neue Innovationskultur braucht, um nicht zu einem sterbenden System zu werden. Beobachten lässt sich das daran, dass im Moment viele Innovationen zwar durch das Unternehmen initiiert werden, aber als separate Einheit ohne große innere und räumliche Anbindung an das Stammhaus entstehen – so zum Beispiel das bereits genannte Mobilitätskonzept »Car2Go« von Daimler.

Viele Manager behaupten, wahre Innovation könne nur von außen kommen. Damit erklären sie die großen Unternehmen per se zu innovationsfeindlichen Zonen, was einen negativen Einfluss auf das Engagement hat und darauf, wie lange kreative Köpfe im Unternehmen bleiben. Mit einem solchen Vorgehen werden Unternehmen nicht für den Wandel befähigt, sondern von innen ausgehöhlt und auf die Erstellung von »Commodities« reduziert, solange diese noch gebraucht werden.

Der Zukunftsforscher Jeremy Rifkin erläutert in »Die Zeit« (Ausgabe 50, 4.12.2014), welche Faktoren das neue Wirtschaftszeitalter prägen werden: »Es entsteht das Internet der Dinge, das in Wirklichkeit eine Dreiteilung des Internets in ein Kommunikationsnetz, ein Energienetz und ein Transportnetz ist. Dieses Netz hat Sensoren in der gesamten Wirtschaft, um jedes Gerät, jede Maschine und jeden Menschen zu verbinden.« Rifkin setzt für diesen Wandlungsprozess den Zeitraum der nächsten 40 bis 50 Jahre an. Auch die Zeitdauer dieses Wandlungsprozesses erschwert es den Führungskräften in den Unternehmen, sich seiner in einer der Relevanz angemessenen Form anzunehmen. Die dringenden und kurzfristigen Probleme drängen sich in den Vordergrund der oft nur befristet angestellten Manager und versperren den Blick auf das eigentliche revolutionierende Geschehen.

An der Fähigkeit, das Wesentliche vom Dringenden zu unterscheiden und ihm im unternehmerischen Denkprozess seinen ihm zustehenden Platz zu geben, werden sich künftige Gewinner und Verlierer erkennen lassen. Bestehende Branchen werden in diesem Prozess durch von außen kommende, innovative Marktplayer, die bisher noch keine große Rolle spielten, unter Druck gesetzt. Das wird zu einer Konsolidierung und zum Verschwinden etlicher, derzeitig noch marktprägender Unternehmen führen. Es ist also definitiv höchste Zeit, sich mit den aufkommenden transformierenden Impulsen der Digitalisierung zu beschäftigen.

Wie schwer das ist, durfte ich in der Begleitung einer Gruppe Geschäftsführer, Vorstände und Berater erleben, die sich zum Thema »Machine-to-Machine-Kommunikation« mit den Möglichkeiten und Auswirkungen des von Rifkin skizzierten Umbruchs für ihr Unternehmen und ihren Markt beschäftigen sollten. Fast alle Mitglieder der Gruppe suchten nach Patentrezepten und vorgefertigten Anwendungsmöglichkeiten. Nahezu jeder hatte erkannt, dass sich hier eine technische Veränderung vollzieht, die die Kernprozesse im eigenen Unternehmen und am Markt komplett verändern wird. Es war deutlich zu sehen, dass das erlernte Vorgehen darin besteht, in partiellen Optimierungen zu denken. Die benötigte holistische, die Grenzen überschreitende, neue Denkweise überforderte die Gruppe. Das ist nicht weiter verwunderlich, wenn man bedenkt, wie wir ausgebildet werden. Das Schul- und Universitätssystem lehrt uns Wissen, welches bereits vorhanden ist. Neues zu entwickeln oder bestehendes Wissen in neue Kombinationsformen zu bringen und so zu neuen Lösungen zu kommen, ist meist nicht Teil der Ausbildung. Der Effekt davon ist, dass 96 Prozent der Kinder vor ihrer Einschulung »hochbegabt« im Bereich »kreatives Denken« sind. Nach Beendigung der Schulzeit wurde dieselbe Fähigkeit wieder getestet – und jetzt sind es leider nur noch 4 Prozent. Ich behaupte, dass auch deshalb die Fähigkeit, Innovationen hervorzubringen, in unserer Gesellschaft unterentwickelt ist. Und doch ist sie dieser Tage die wertvollste Ressource, da nur sie den Wandel gestalten kann.

Der intelligente Kunde

»Wir sind keine Zuschauer oder Empfänger oder Endverbraucher oder Konsumenten. Wir sind Menschen – und unser Einfluss entzieht sich eurem Zugriff. Kommt damit klar.«
CLUETRAIN-MANIFEST

Mit diesem Satz fängt das »Cluetrain-Manifest« an, in dem die US-amerikanischen Internetpioniere Rick Levine, Christopher Locke, Doc Searls und David Weinberger darstellen, wie sich die Beziehung der Unternehmen zu ihren Kunden und auch zu ihren Mitarbeitern durch das Internet verändert. Das Manifest ist bereits 1999 erschienen, aber wer es liest, der erkennt, dass für die Autoren bereits damals klar war, wie sich die Welt durch das Internet wandeln wird, und dass ein sehr großer Teil der Aussagen sich tatsächlich exakt so bewahrheitet. Es ist also keine »Glaskugel-Leserei« gewesen, sondern eine realistische Zukunftprognose, deren Aussagen sich immer mehr in äußeren Gestaltungsformen manifestieren.

Trotzdem kenne ich kein Unternehmen, das mit dem Cluetrain-Manifest arbeitet, um die eigenen Kunden- und Mitarbeiterbeziehungen zu verändern. Die Digitalisierung setzt die Unternehmen nicht nur von innen heraus unter Druck. Auch die Anforderungen der Kunden haben sich stark gewandelt. Der gesamte Kernprozess, man kann ihn fast als eine Art DNA der Unternehmen bezeichnen, verläuft seit Jahrzehnten in folgender eingespielter Weise: Die Entwicklung erfindet Produkte, die in der Produktion hergestellt werden und über das Marketing und den Vertrieb verkauft werden. Das Marketing erfüllt seine Funktion dabei, indem es dem Kunden über verschiedene Kanäle erklärt, warum das Unternehmen und seine Produkte spitze sind. Dieser Prozess funktionierte jahrzehntelang hervorragend – nämlich solange dem Kunden das Internet noch nicht als umfassende Informationsquelle und Kommunikationsplattform zur Verfügung stand.

Vernetzte Kunden jedoch formen vernetzte Märkte, und diese beginnen sich schneller selbst zu organisieren als die Unternehmen, die sie traditionell beliefert haben. Mithilfe des Webs werden Kunden und Märkte intelligenter und fordernder als jemals zuvor und stellen so völlig neue Anforderungen. In den Vor-Internet-Zeiten wählte der Kunde einen Händler oder eine Marke seines Vertrauens und musste sich auf die Qualität verlassen. Eine neutrale Information über die tatsächlichen Produkteigenschaften war nur sehr selektiv möglich, etwa über Testberichte in Printmedien oder in Verbrauchermagazinen. Es bedurfte einiger Bemühungen, sie zu erhalten, und wenn man sie hatte, war man immer noch darauf angewiesen, dass das herausgefilterte beste Produkt bei einem Händler in der Nähe oder einem Katalogversand wie Quelle angeboten wurde.

Heute ist jede Information und jedes Produkt innerhalb eines Mausklicks erreichbar. Schon heute sind 81 Prozent der Marketingverantwortlichen in den USA davon überzeugt, dass das Marketing sich und seine Rolle im Unternehmen künftig genau deshalb völlig neu erfinden muss. Aber nur 14 Prozent haben eine Ahnung, wie das funktionieren soll (Quelle: Studie Digital Roadblock, Adobe). Gerade den Kundenstimmen kommt eine besonders hohe Seriosität und Glaubwürdigkeit zu; sie haben einen immens hohen Einfluss auf die Verkaufsmöglichkeiten und den Erfolg eines Produkts. Es ist in diesem Kontext verständlich, dass das Marketing keine geschönten, idealisierten Produktversprechen mehr kommunizieren kann. Vielmehr scheitern solche Versuche bereits im Ansatz und fallen auf die gesamte Glaubwürdigkeit des Unternehmens zurück, wenn zwischen Marketingbotschaft und digitaler Kundenbewertung eine Lücke klafft. Unternehmen setzen sich bei einem solchen Verhalten der Gefahr eines massiven Imageschadens, einer Markenbeschädigung und eines Vertrauensverlustes der Kunden aus.

Wir werden anhand jüngster Ereignisse beobachten können, ob VW den durch das eigene Verhalten – das Veröffentlichen falscher Abgaswerte – produzierten Vertrauensverlust bei den Kunden überleben wird. Es wird ohne Zweifel ein harter Weg, bis auch in Internetforen irgendwann wieder positiv über Produkteigenschaften von VW geurteilt werden wird. Im Prinzip hat VW sich einen »Generalverdacht« der Nutzer zugezogen, dank dem der Konzern mit jedem neuen Produkt im negativen Bereich starten wird. Doch nicht nur VW als Extrembeispiel eines Unternehmens, das einen massiven Vertrauensverlust erlitten hat, der im Internet noch Jahre nachhallt und in Foren gepflegt werden wird, steht vor großen Herausforderungen. Das Internet mit seiner viralen, unsteuerbaren Meinungsbildung zeigt falschen Marketingversprechen oder Produkten, die die Kundenbedürfnisse nicht befriedigen, fast umgehend die Rote Karte. Ein Beispiel für ein Unternehmen, das daran gescheitert ist, dass es nicht realisiert hat, wie wichtig das Erkennen und Beantworten der Kundenbedürfnisse heute ist, ist Nokia – von 1998 bis 2011 weltweit größter Handyhersteller und somit in einer ursprünglich exzellenten Ausgangssituation. Sowohl Apple als auch Samsung waren einfach besser darin, die Bedürfnisse ihrer Kunden zu identifizieren und entsprechende Produkte zu produzieren. Nokias Strategie setzte nicht auf die Bedürfnisse der Kunden, sondern auf ein Partnermanagement – und arbeitete so konsequent am Markt vorbei. 2013 wurde aufgrund hoher Defizite die Handysparte an Microsoft verkauft. Seit 2014 nutzt Microsoft die Marke Nokia als Handy- und Smartphone-Marke nicht mehr – innerhalb von drei Jahren ist ein Weltmarktführer vom Markt verschwunden. Viele große Unternehmen sind heute noch damit überfordert, das Prinzip der Augenhöhe umzusetzen und Bedürfnisse von Kunden und Mitarbeitern ernst zu nehmen. Es entspricht nicht ihrer gewachsenen, historisch bedingten Herangehensweise und somit weder der internen Kultur, die sie im Umgang mit ihren Mitarbeitern pflegen, noch der externen Kultur im Umgang mit ihren Kunden.

Die drastisch geänderten Anforderungen an das Marketing werden in allen Unternehmen wahrgenommen und führen zu hoher Verunsicherung. Die Folge ist oft eine Reduzierung auf kurzfristige Kennzahlen, wie zum Beispiel die »Realtime-Response-Rate« von Online-Kampagnen, die keinerlei Aussagekraft für die Marketingstrategie haben und das Gegenteil von nachhaltiger Markenführung sind. Man muss das verstehen als wahren Ausdruck der Verzweiflung und Beweis dafür, dass das derzeitige Marketing in seinen Herangehensweisen an seinen Grenzen angelangt ist. Man kann aber auch erkennen, dass die Online-Marketing-Welt immer noch als leicht geänderte Form der klassischen TV- und Print-Marketing-Welt verstanden wird. Social-Media-Marketing wird aus diesem Verständnis heraus so umgesetzt, dass jeder – auch Almighurt – jetzt eine Facebook-Seite hat. Die Unternehmen sind enttäuscht, wenn das keinen Nutzer interessiert.

Dahinter steckt ein fehlendes Online-Media-Verständnis und eine fehlende Umsetzung und Integration der Offline- und Online-Media-Strategien des Unternehmens. Und selbst, wenn ein Unternehmen es schafft, das zu entwickeln, so ist der Kernprozess im Unternehmen heute noch nicht darauf ausgerichtet, den Bedürfnissen des Kunden einen entsprechenden Einfluss auf die Produktentwicklung zu geben. Deshalb kommt es zwangsläufig zwischen dem Marketing und dem Rest des Unternehmens zu einer Art Kampf um die richtige Vorgehensweise. Das Marketing kämpft um mehr Gehör, andere Dialogformen und mehr Einfluss auf die Strategie, die Entwicklung und das Produkt. Auch kämpft es für eine andere Unternehmenskultur, denn will man den Dialog mit dem Kunden glaubhaft ändern, muss die gleiche Offenheit intern in der Art des Umgangs mit den Mitarbeitern herrschen. Oft ist dem Marketing bereits bewusst, dass die Schnittstelle zum Kunden nur auf Basis einer dialoghaften Kommunikation bei gleichzeitiger Sicherung der Einflussnahme des Verbrauchers auf die Gestaltung und Entstehung von Produkten geformt werden kann.

Die Grenzen des Unternehmens verschwimmen dadurch und werden (noch) künstlich aufrechterhalten, jedoch sind in Wahrheit Mitarbeiter, Kunden und Märkte Subsysteme desselben kommunizierenden Netzwerks. Deshalb ist es die einzige Option, wenn man als Unternehmen erfolgreich sein möchte, die Bedürfnisse dieser Menschen ernst zu nehmen und menschlich zu agieren – intern wie extern. Sonst gibt es keine Märkte, keine Kunden – und folgerichtig irgendwann auch keine Mitarbeiter für diese Unternehmen mehr. Andere Bereiche des Unternehmens, die keinen direkten Kundenkontakt haben, wehren sich aber und hinterfragen die Sinnhaftigkeit des Vorgehens, das auf die Kundenbedürfnisse Rücksicht nimmt. Der Kernprozess im Unternehmen läuft deshalb weiter wie bisher, und die meisten Unternehmen geben dem Marketing nicht die notwendige neue Rolle in der Gesamtausrichtung des Unternehmens. Die Unternehmen kommen jedoch nicht umhin, sich der Frage zu stellen, was die Anforderungen mündiger Verbraucher an authentische Produkte und ehrliche Kommunikation für sie selbst bedeuten. Dem Marketing kommt in einem veränderten Modell die Rolle eines Vermittlers zwischen den Interessen der Kunden und den Interessen des Unternehmens zu. Die notwendige Phase des gemeinsamen Neugestaltens und Lernens macht im Unternehmen Angst.

> **Mitarbeiter, Kunden und Märkte sind Subsysteme ein und desselben Netzwerks.**

Ein Unternehmen, das diese Herausforderungen bereits angenommen hat und seit 2010 Lernschritte unternimmt, ist Audi. Während das kernprozessgeprägte Denken im Marketing eines Automobilkonzerns stets war, dem Kunden die technische Finesse der Produkte zu erläutern, hat man begriffen, dass sich das eigene Selbstverständnis wandeln muss, um zu überleben. So versteht sich das Unternehmen heute mehr und mehr als Teil eines übergreifenden Mobilitätswesens, das den Menschen nützen muss. Man hat bewusst nicht gefragt »Wie passen die Autos von Audi in dieses Konzept?« oder »Wie muss Mobilität in Zukunft sein, damit wir noch Audis verkaufen können?«. Zunächst wurde erforscht, wie die Wohnsituation, die Städteplanung, die Bevölkerungsentwicklung und die Anforderungen der Einwohner an ihre eigene Mobilität sich heute und in Zukunft wandeln werden. Erst dann hat man sich der Frage gewidmet, welchen Nutzen Audi im Rahmen dieses Wandels stiften kann. An der neuen, offenen Art der Fragestellung erkennt man den Bewusstseinswandel und den größeren Verständnisrahmen für die zukünftige Entwicklung von Mobilität und die mögliche Rolle von Audi darin. Man braucht Mut, solche Fragen zu formulieren, denn sie stellen die bestehende, sicherheitsstiftende Identität infrage, ohne Alternativen oder gar eine klare Zukunft aufzeigen zu können. Das ist ein fundamentaler Haltungswandel, da man bereit sein musste, sich von existierenden Produktpipelines, Produktionsstätten und -möglichkeiten und Ressourcen gedanklich zu lösen, um erst mal über den eigenen Tellerrand zu blicken. Für mich ist das ein gelungenes Beispiel eines Vorgehens, das Konzernen dabei hilft, die Herausforderungen der komplexen globalisierten Welt und der Kunden zu erforschen und für sich zu nutzen: konsequentes Verstehen der Bedürfnisse des Kunden und der Märkte und nachfolgende Ausrichtung des Unternehmens im Inneren daran. Nicht umsonst gibt es etliche Fachleute, die behaupten, CEOs würden künftig oft Marketingexperten sein.

Unser machtvolles Wirtschaftssystem

Wenn es uns darum geht, einen Überblick über die auf die Unternehmen herrschenden Einflussfaktoren zu gewinnen, so kommt man nicht daran vorbei, einen Exkurs in unsere Wirtschaftsordnung zu unternehmen. Für uns alle wahrnehmbar hat der Kapitalismus starke Auswirkungen auf unsere Gesellschaft und die Weltgemeinschaft. Waren solche Worte noch in den 1990er-Jahren bei der breiten Masse verpönt und auf linke Gruppierungen beschränkt, so entsteht heute in der breiten Masse der Bevölkerung der Eindruck, dass es nicht mehr das Wirtschaftssystem ist, das der Gesellschaft dient, sondern dass die Menschen und teilweise auch die Politik zu Dienern des Wirtschaftssystems geworden sind. Seit jeher gibt es diese ernstzunehmenden Kritiker des Kapitalismus, deren Warnungen jedoch oftmals nur in der akademischen Welt Gehör fanden. Das generelle Gegenargument lautete und lautet auch heute noch oft, dass es keine funktionierenden Alternativen gibt. Die Kritiker hatten es außerdem zusätzlich schwer, weil sich die westliche Welt in einer langen Phase des stetig zunehmenden und prosperierenden Wohlstands für breite Bevölkerungsschichten befand. Ein Leidensdruck, der zu einer Veränderung führen könnte, war kaum erkennbar – die Kritik blieb theoretisch und ihr Gegenstand zu wenig spürbar.

Eine erste manifeste und sichtbare Form der Gefahren des Kapitalismus trat mit den Folgen des Derivatehandels auf die Bühne. Mit der Einführung des Derivatehandels konnte erstmals nicht mehr nur auf ein reales Wirtschaftsgut spekuliert werden, sondern auf dessen finanzwirtschaftliche Abbildung. Das führte dazu, dass sich die Geldmenge erheblich ausweitete – und ihr keine realen Wirtschaftsgüter mehr gegenüberstanden. Das sich so stetig vermehrende Kapital sucht seither weltweit neue Anlageformen, was zu weiteren Derivateerfindungen oder Immobilienspekulationen führt. Mit dem Platzen der Immobilienblase in den USA sowie der nachfolgenden Pleite der Firma Lehman Brothers wurde der machtvolle Einfluss des Kapitalismus sicht- und spürbar. Erstmals fragte man sich öffentlich, wie die Macht der Banken, die die Erfinder der Derivate sind, einzugrenzen ist.

Es gibt in der westlichen Welt einen Trend zum »Immer mehr« in den Unternehmen: Es muss jedes Jahr mehr Ergebnis da sein, eine Stagnation wird als Misserfolg bewertet. Dabei geht es nicht nur um einen Wachstumsgrad, der die Inflation ausgleicht, sondern um ein darüber hinausgehendes Wachstum. Woher kommt dieses scheinbar unausweichliche Dogma des ewigen Wirtschaftswachstums als volkswirtschaftliche und ökonomische Vorgabe? Stimmt es, dass stetiges Wachstum für Unternehmen und Gesellschaften nötig ist? Und wenn ja, warum?

Mich hat im Jahr 2012 eine Umfrage dazu unter 30 Wirtschaftsprofessoren an deutschen Universitäten und Fachhochschulen etwas schockiert. Die Professoren wurden gefragt, warum Wachstum in unserer Gesellschaft nötig ist. Lediglich zwei der angeschriebenen Wirtschaftswissenschaftler konnten die korrekte Antwort geben: »Wirtschaftswachstum ist notwendig, um Fremdkapitalforderungen – sprich Zinsen – zu bedienen.« Zwei Dinge wurden so für mich sichtbar: Zum einen, wie wenig sich diese Wirtschaftswissenschaftler offenbar mit den Zusammenhängen, Wirkmechanismen und vielseitig benannten Gefahren des eigenen Wirtschaftssystems auseinandergesetzt haben. Zum anderen wird deutlich, was auch Thomas Picketty in seinem Buch »Das Kapital im 21. Jahrhundert« darlegt. Er weist nach, dass es im Kapitalismus einen Zeitpunkt gibt, ab dem die Menschen, die für ihr Geld arbeiten müssen, für diejenigen mitarbeiten, die ihr Geld für sich arbeiten lassen. Man könnte das als kapitalistisches Umverteilungsprinzip bezeichnen. Der Zins wirkt dabei wie ein »Mega-Geldstaubsauger«, der Geld von unten nach oben schlürft. Nur 10 Prozent der Haushalte gehören heute zu den Nutznießern unseres Geld- und Wirtschaftssystems. 90 Prozent leisten die Arbeit, von der nur 10 Prozent überproportional profitieren. Im Jahr 2014 ist dadurch das private Geldvermögen um 11,9 Prozent gestiegen. Davon beruhten jedoch nur 27 Prozent auf der direkten Arbeitsleistung der Menschen, 73 Prozent des Vermögensanstiegs sind Zins- und Kapitalerträgen zu verdanken (Quelle: www.statista.de). Diese werden sehr oft durch Aktien und direkte Unternehmensbeteiligungen erwirtschaftet – und in diesen Unternehmen ist dann ein Wachstum über der Inflationsrate ein Dogma, weil die Kapitaleigner Zinsen einnehmen wollen.

Ungleichheit führt zu Unfrieden in der Gesellschaft und wird dadurch zu einer Bedrohung für die Demokratie.

Ungefragt wird dieses Prinzip des ewigen Wachstums aber auch auf andere Unternehmen übertragen. Sie sehen: Auf der Überholspur des Kapitalismus ist man erst, wenn man für sein Geld nicht mehr arbeiten muss, sondern das Geld für sich arbeiten lässt. Nicht regulierter Kapitalismus führt auf diesem Weg zu steigender Vermögenskonzentration und Ungleichheit. Zu große Ungleichheit führt zu Unfrieden in der Gesellschaft und wird dadurch zu einer Bedrohung für die Demokratie und uns alle. Da es das Ziel von Demokratien ist, den gesellschaftlichen Frieden zu sichern, und der Kapitalismus in seiner heutigen Form mittlerweile nachweislich und beobachtbar an den Grundfesten unserer Gesellschaft rüttelt, werden stärkere Regulierungen kommen müssen, die eine größere Gerechtigkeit herstellen. Es gibt auch bereits eine Gegenbewegung aus der Gesellschaft: die der »Social Entrepreneurs«. Das sind Unternehmen und Unternehmer, die »lediglich« ein gutes Auskommen für Mitarbeiter und tätige Eigentümer haben möchten, aber keinen darüber hinausgehenden Kapitalertrag für etwaige Geldgeber oder passive Eigentümer. Erträge werden zum Wohle der Sache oder der Mitarbeiter reinvestiert.

Das Wachstumsdogma führt in den Unternehmen dazu, dass jedes Jahr aufs Neue alle Mitarbeiter und Mitarbeiterinnen dazu angehalten sind, mehr zu verkaufen oder mehr zu günstigeren Preisen zu produzieren. Der Kapitalismus treibt also die Unternehmen und ihre Mitarbeiter vor sich her und fordert von ihnen, stetiges Wachstum zu erzielen. Die sogenannte Shareholder-Value-Diskussion und die Notwendigkeit der Quartalsreportings in kapitalmarktnotierten Aktiengesellschaften sind weitere Ergebnisse des Einflusses des Kapitals auf den Unternehmensablauf. Gleichzeitig sind die Mitarbeiter aber auch Zeuge der immer lauter geführten öffentlichen Diskussion über Ungerechtigkeiten unserer Gesellschaft und bringen diese natürlich in Zusammenhang mit ihren eigenen Erfahrungen im Unternehmen. Die öffentliche Wahrnehmung über die Fehlsteuerungen in Kombination mit der eigenen Erfahrung führt zu einem Gefühl der Hilflosigkeit und Überforderung. Man erlebt sich als reaktiv, »das Leben lebt einen«, der Rückzug ins Private erscheint als einzige Quelle der Kraft. Wie viel Innovation, Inspiration oder Leidenschaft ist von Menschen in dieser Situation zu erwarten?

Noch fehlt uns in Deutschland ein gesellschaftlicher Dialog darüber, welche Funktionen Unternehmen für uns haben sollten. Ein solcher Dialog und das entstehende Bewusstsein, dass wir alle ein gemeinsames Interesse an gesellschaftlichem Frieden haben, kann darin münden, Regulierungen einzuführen, die diese für uns alle schädlichen Effekte des Kapitalismus mildern. Unbestritten hat der Kapitalismus in den letzten Jahrzehnten für einen enormen Wohlstand gesorgt, aber er hat eben auch dazu geführt, dass wir derzeit durch die massive Geldmengenausweitung in einer sehr fragilen Phase sind. Es ist noch unklar, wie die Maßnahmen der Europäischen Zentralbank (EZB), die Geldmärkte zu fluten, und die geplanten Zinserhöhungen der US-Notenbank auf die nationale und die weltweite Wirtschaft wirken werden. Manche Ökonomen wie Nourel Roubini sehen uns auf einer »Zeitbombe« sitzen. Es gilt, die Lernerfahrungen zu verarbeiten und uns aus einer gesellschaftlichen Perspektive heraus zu fragen, wie unser Wirtschaftssystem weiterentwickelt werden sollte, um die Risiken und die Ungleichheit zu mildern.

Anspruchsvolle Nachwuchskräfte

Jüngst fand ich mich in einem Dialog wieder, bei dem mein Gegenüber die Unzufriedenheit der Unternehmen mit der Anspruchshaltung von Nachwuchsführungskräften beschrieb. Mein Gesprächspartner war gerade von einer Konferenz zurückgekommen, bei der dieser geballte Unmut der Unternehmen in dem Statement gipfelte, man werde sich das nicht mehr lange gefallen lassen, sondern jetzt andere Saiten aufziehen. Konkret gemeint war die sogenannte Generation Y – das sind Menschen, die zwischen 1977 und 1998 geboren sind –, gerne auch als Digital Natives bezeichnet. Geht man von einem durchschnittlichen Eintrittsalter der Akademiker in die Berufswelt von 26 Jahren aus, so treffen diese Menschen seit 2003 auf die Unternehmen und werden weiter bis zum Jahr 2024 alle jungen Neueinsteiger stellen. Oder andersherum betrachtet haben wir es also mit 21 Jahrgängen zu tun, die dieser Generation zuzurechnen sind. Bei einer durchschnittlichen Lebensarbeitszeit eines Akademikers von 40 Jahren, kombiniert mit der Annahme, dass viele Akademiker nach etwa sechs bis acht Jahren eine erste Führungsposition übernehmen, werden im Jahr 2030 rund 50 Prozent aller Führungskräfte dieser Generation angehören. Das bedeutet, dass die nächsten 14 Jahre darüber entscheiden, welche Unternehmen sich die begabtesten und talentiertesten Mitglieder dieser Generation als Arbeitgeber aussuchen.

Viele Personalleiter und Führungskräfte heben mehrere Aspekte besonders hervor. Zum einen werden sehr konkret und auch schon zu Beginn einer beruflichen Laufbahn Fragen und Forderungen nach dem eigenen Verantwortungsbereich und selbstständiger Verantwortungsübernahme gestellt. Die Haltung der Generation Y wird dadurch als fordernd empfunden und stellt einen Tabubruch dar. Ein Mensch, der sein Gegenüber sehr offen darum bittet, ihm Verantwortung zu übergeben, setzt Vertrauen als Unternehmenswert voraus. Das wirkt auf die Unternehmen neu und irritierend, denn viele Unternehmen haben noch den Glaubenssatz »Vertrauen muss man sich erst verdienen« und »Lehrjahre sind keine Herrenjahre«.

Ein weiterer Anspruch der Generation Y ist die Ermöglichung einer angemessenen Work-Life-Balance. Anstatt hochfliegender Karrierepläne wird nicht selten eine Teilzeitanstellung bevorzugt. Ich glaube, dass das auch daran liegt, dass diese Generation in einem materiell hochgradig sicheren Umfeld aufgewachsen ist und deshalb wesentlich weniger materielle Befürchtungen kennt als die Vorgängergenerationen, bei denen auch die durchlebten Erfahrungen der eigenen Eltern in den Nachkriegsjahren psychologische Auswirkung in Form eines hohen materiellen Sicherheitsbedürfnisses zeigen. Der Jugendforscher Klaus Hurrelmann hat den Begriff »Egotaktiker« verwendet, um zu beschreiben, wie diese Generation agiert. Es herrscht ein hohes Bewusstsein, dass das eigene Können, die Ausbildung und Persönlichkeit die Grundlage für eine sichere Existenz sind. Man weiß, dass eine lebenslange Anstellung nicht mehr sicher ist – und hält sie umgekehrt oft auch gar nicht mehr für erstrebenswert. War es für die vorhergehenden Generationen noch akzeptabel, wenn die Arbeit mehr der Existenzsicherung dient als der freudvollen Selbstverwirklichung, so akzeptiert das die Generation Y nicht mehr. Und sie muss es auch nicht, denn die Überalterung der Gesellschaft führt zu einem Fachkräftemangel, sodass gerade sehr gut ausgebildete junge Akademiker die freie Arbeitsplatzwahl haben und ihre Ansprüche durchsetzen können und werden.

Hört man sich bei Führungskräften um, die Mitarbeiter dieser Altersklassen im Unternehmen haben, so ist zu vernehmen, dass Führung von ihnen nur akzeptiert wird, wenn fachliche und menschliche Kompetenz vorhanden sind und man sich als Coach der Mitarbeiter versteht und nicht als Arbeitsorganisator oder Kontrolleur. Im Rahmen eines Auftrags hatte ich jüngst die Möglichkeit, mich in einer Innovationsabteilung eines großen Konzerns umzuschauen, bei der sowohl die Führungskraft als auch die Mitarbeiter alle der Generation Y entstammen. Mit viel Gelassenheit erklärten mir diese Menschen, dass es doch selbstverständlich sei, dass sie nur dann in der Lage sind, ihre Kreativität und Leistungsfähigkeit zu entfalten, wenn das Unternehmen auch

Führungskräfte werden von der Generation Y nur akzeptiert, wenn fachliche und menschliche Kompetenz vorhanden sind.

auf ihre Persönlichkeitsstrukturen, Bedürfnisse und Lebensumstände Rücksicht nimmt. Mir leuchtete einmal mehr ein, dass eine Anstellung für beide Seiten den bestmöglichen Nutzen erbringen muss, also eine Win-win-Situation sein muss. Und die Leistung des Unternehmens darf dabei keinesfalls nur im monetären Bereich liegen. Der sogenannte Hygienefaktor muss erfüllt sein, ist jedoch durch das hohe Angebot an Arbeitsplätzen für Hochqualifizierte oftmals beliebig und austauschbar und somit auch kein Differenzierungs- oder gar Bindungskriterium mehr. Dass sich die Generation Y dessen bewusst ist, macht sie hochgradig unabhängig. Genau aus diesem Grund empfand ich mein eingangs erwähntes Gespräch als kurios, denn ich kann mir auch mit viel Fantasie nicht vorstellen, wie die großen Unternehmen ihr »Uns reicht's jetzt aber mit euch« umsetzen werden. In Deutschland ist ein »War for talents« entbrannt, und am längeren Hebel sitzen dabei die Mitarbeiter, die über eine auf hoher Qualifikation und Selbstbewusstsein basierende innere Freiheit verfügen und konsequent zu ihren Forderungen stehen.

Insofern ist es klar, dass die Konzerne sich der Herausforderung stellen müssen, um Vertrauen und Verantwortung bei gleichzeitiger Work-Life-Balance zu ermöglichen. Das wird eine starke Umwälzung nach sich ziehen, vor der viele Unternehmen hohen Respekt haben. Denn verändert man Werte, Vorgehen und Strukturen so, dass es möglich wird, ein Unternehmensumfeld zu erschaffen, wie es sich die Generation Y vorstellt, so werden die älteren Mitarbeiter – also die vor 1977 Geborenen – selbstverständlich umgehend die gleichen Anforderungen stellen. Und doch gibt es Unternehmen wie beispielsweise Google, die von Anfang an eine Unternehmenskultur geschaffen haben, wie sie die Generation Y wünscht. Das führt dazu, dass in den USA derzeit 30 bis 40 Prozent der Universitätsabsolventen Google als ihren Wunscharbeitgeber benennen (Quelle: www.universumglobal.com). Google übt durch seine Kultur eine starke Sogwirkung auf hochgebildete junge Menschen aus. Meiner Meinung nach ist der davon getragene Ansatz, dass man als Arbeitgeber auf neue Arbeitnehmer attraktiv wirken muss, der einzige, der bei der Generation Y erfolgreich sein kann. Oder wie es der Grandseigneur der Wirtschaftsliteratur Peter Drucker sagte: »Culture eats strategy for breakfast.«

Frauenquote: derzeit unerreichbar

Dass Frauen und Männer unterschiedlich führen, ist mittlerweile allgemein bekannt. Was am Führungsstil der Frauen ist aber anders – und wieso? Das Gehirn, das auch unser Verhalten steuert, ist bei Männern und Frauen unterschiedlich aufgebaut. Der Psychologe Simon Baron-Cohen von der Universität Cambridge erklärt in seinem Buch »The Essential Difference«, weibliche und männliche Gehirne seien von Natur aus unterschiedlich programmiert. Seiner These zufolge können Männer von Geburt an eher überdurchschnittlich gut systematisch denken und damit zielorientierter handeln. Frauen indes hätten die angeborene Gabe der Einfühlsamkeit oder Empathie, gingen abwägender vor und bezögen mehr Faktoren in die Entscheidungsfindung ein. Laut Baron-Cohen waren deshalb männliche Gehirne in der Führung lange überlegen, als die Welt noch nicht komplex vernetzt war und es um fokussiertes Optimieren eines Bereichs anhand eindeutiger Zielvorgaben ging.

Durch die Vernetzung und die Globalisierung geht es heute in der Führung meistens jedoch nicht mehr nur darum, den eigenen Bereich zu optimieren, sondern eher darum, das große Ganze zu betrachten. Die Organisationsform der Matrixstruktur bildet dieses auch bildlich ab – Führungskräfte berichten hier an zwei oder noch mehr Vorgesetzte, die oft auch noch über den Globus verteilt sind. Es ist also kein entscheidungsorientiertes Entweder-oder-Denken, dass uns die heutige Zeit abverlangt, sondern ein Sowohl-als-auch-Denken, das uns aus der biologischen oder soziologischen Systemtheorie nach Francisco Varela, Niklas Luhmann, Karl Popper und anderen bekannt ist. Man braucht heute systemisches Vorgehen, um zu guten Ergebnissen für die Gesamtorganisation zu kommen. Das setzt Empathie und Einfühlung in die Herausforderungen und Perspektiven anderer sowie die Fähigkeit zum Kompromiss voraus.

Frauen vertreten ihre inhaltliche Position ebenso ambitioniert und konsequent wie Männer, aber sie setzen eben eher auf Überzeugung und Konsenslösungen als auf Dominanz. Durch ihre Sensibilität für die emotionale Seite vermeintlich rationaler Fragestellungen suchen sie eher die Zusammenarbeit und suchen auch hinter den Kulissen nach akzeptablen Lösungen. Frauen entfalten damit in ihrer Führungsarbeit auf andere Weise Wirkung als Männer: Sie bringen neben klassischen Managementkompetenzen emotionale Intelligenz ein. Um es im Macht- und Durchsetzungskampf an die Unternehmensspitze zu schaffen, gilt es aber vor allem, Dominanz und Machtanspruch an den Tag zu legen. Deshalb nimmt emotionale Intelligenz in der Unternehmenshierarchie von unten nach oben ab. Damit mangelt sie genau dort, wo sie im Zeitalter von Netzwerk- und Matrixorganisationen am nötigsten wäre: im Team an der Spitze. Die Managementforscher Travis Bradberry und Jean Grieves lieferten bereits 2007 diesen ernüchternden Befund.

Die Fähigkeit von Frauen zu emotionaler Intelligenz – derzeit noch zu oft als Schwäche ausgelegt – ist also tatsächlich ein Gewinn für jedes Team. Mit dieser anderen, aber sehr erfolgreichen Art der Führung wären Frauen die ideale Ergänzung der zielfokussierten Männerteams. Vorausgesetzt man schafft durch die Beachtung der Work-Life-Balance die Rahmenbedingungen dafür, dass Frauen in die Führung wollen. Die derzeitige Situation, bei der hochqualifizierte Frauen entweder in Sachbearbeitungsfunktionen bleiben oder aber wegen der Kinder aus der Karriere aussteigen, ist für die Unternehmen dramatisch. So gehen sie als Ressourcen mit ihren Fähigkeiten komplett verloren oder sitzen überqualifiziert im Unternehmen auf den falschen Stellen und beobachten mit Argusaugen das Scheitern ihrer Kollegen an der Multikomplexität. Denn, so sagt der Kulturtheoretiker Klaus Theweleit, Männerbünden ohne die regulierende Wirkung von Frauen wohnt keinerlei Entwicklung inne. Sie verlieren sich in Hackordnungen und Brutalität.

Im Jahr 2007 war ich mir dann kurzzeitig fast sicher, dass innerhalb kürzester Zeit jede Menge Frauen in die Führungsetagen der großen Konzerne einziehen würden. Was machte mich so sicher? Es war eine große Studie der Unternehmensberatung McKinsey & Company zu Frauen in Führung und den Ergebnissen gemischter Teams erschienen. Das Ergebnis war der Nachweis, dass Teams mit einer ausgewogenen Beteiligung von Männern und Frauen einen 56 Prozent höheren Betriebsgewinn erzielen als rein männlich besetzte Teams. Und da ich damals auch noch davon überzeugt war, dass Konzernlenker streng rational am Ergebnis orientiert handeln, um einen möglichst hohen Unternehmensgewinn zu erzielen, stand dem Einzug der Frauen in die Konzerne vor meinem inneren Auge nichts mehr im Wege. Wie Sie alle wissen, ist es anders gekommen, und die spannende Frage ist: Wieso? Fragt man Konzernlenker heute, würden viele antworten, dass es schlicht wenig Frauen gibt, die eine solche Karriere anstreben. Ich denke, dass das Argument zu 100 Prozent zutrifft. Dabei hören sich die Argumente der Frauen sehr ähnlich an wie die der Generation Y: »Viele Topmanager sind immer im Dienst und erreichbar, das empfinde ich als wenig erstrebenswert.« »Ich möchte mein Privatleben nicht aufgeben, nur um die Ansprüche der Firma zu befriedigen.« Ich denke, dass diese Forderungen als große Gefahr und potenzielle Arbeitskraftschwächung des Gesamtunternehmens bewertet werden. Deshalb schaffen die Unternehmen nicht die Voraussetzungen, die die Frauen brauchen, um sich als Führungskraft einzubringen – das Resultat ist, dass es bis heute kaum Frauen in Führungspositionen in Deutschland gibt. Und deshalb stimmt das Argument des Konzernlenkers zu 100 Prozent: Eine Karriere, wie sie im Moment angeboten wird, streben die meisten Frauen tatsächlich nicht an.

Karrieren, wie sie im Moment angeboten werden, streben die meisten Frauen nicht an.

Gerade auch die Tatsache, dass Frauen einen anderen Führungsstil haben, macht es zusätzlich schwer, den Prozess der Durchmischung zu beschleunigen. Einerseits sind die Entscheider und Entscheidungsgremien noch hauptsächlich männlich dominiert und schauen auf erfolgreiche Führung oft durch ihre Brille. Erfolgsfaktoren weiblicher Führung werden naturgemäß weniger erkannt und geschätzt. Andererseits ist es aber auch so, dass Führungsgruppen, in denen mehrere Frauen sind, eine andere Gruppendynamik haben als rein homogene Männerteams. Das bedeutet, dass ein Lern- und Einspielprozess stattfinden muss, um ein gutes gemeinsames Miteinander zu gestalten. Auch das ist oft ein Faktor, der vermieden wird, weil man sich als Mann dabei auf ungewohntes Terrain begeben muss – und nicht sicher wissen kann, was diese »neue Wundertüte« für Herausforderungen mit sich bringen wird.

Durch diese Vielfalt an Faktoren, die einen Einfluss auf die Höhe des Anteils von Frauen in Führungspositionen haben, sehe ich die gesetzliche, feste Quote als einzige Lösung an. Sie hat in anderen Ländern dazu geführt, dass es einen Wandel sowohl gesellschaftlich als auch in den Unternehmen gab. Nur durch diesen äußeren Zwang wurde es den Frauen möglich gemacht, Führungsaufgaben auch auf dem Top-Level wahrzunehmen – und dem Unternehmen ermöglicht, sich dem notwendigen Veränderungsprozess hin zu gemischten Teams und mehr Work-Life-Balance für alle zu stellen. Es ist sicher alles andere als angenehm, eine der ersten Quotenfrauen zu sein oder als Mann eine Quotenfrau an sich vorbeiziehen zu sehen. Ich würde definitiv eine andere Lösung auch besser finden, aber mir fällt leider keine ein.

Perspektivwechsel: Teil I

Was denkt die akademische Welt über den Wandel und die Herausforderungen, vor denen die Wirtschaft steht, habe ich mich gefragt. Um dieser Frage nachzugehen, habe ich Prof. Dr. Julian Kawohl getroffen, der den Lehrstuhl für Strategisches Management an der Hochschule für Technik und Wirtschaft Berlin innehat und sich mit genau diesen Fragen beschäftigt. Es ist ein langes und fruchtbares Gespräch geworden und seine Sichtweisen und Anregungen werden uns im Verlauf des Buches immer wieder in den Abschnitten mit der Überschrift »Perspektivwechsel« begegnen. Hier nun der erste Teil meiner Fragen an Prof. Julian Kawohl und seine Antworten.

Herr Prof. Kawohl, womit beschäftigen Sie sich im Rahmen Ihrer Professur »Strategisches Management«?

Die Schwerpunkte, mit denen ich mich beschäftige, sind alle unter das große Thema Business Transformation zusammenzufassen. Dahinter steht die Kernfrage »Wie können sich etablierte Organisationen wandeln?«. Daraus leiten sich dann konkrete weiterführende Fragestellungen ab wie zum Beispiel zum Corporate Entrepreneurship oder auch zur Rolle von Strategen und Strategien im digitalen Zeitalter. Diese Themen beschäftigen mich insbesondere deshalb sehr, weil ich in der Praxis gesehen habe, wie schwer es etablierten Unternehmen fällt, sich auf die Digitalisierung einzustellen. Schlagworte sind neue Wettbewerber, Märkte, die zusammenwachsen, fehlende Technologiekompetenz und so weiter. Viele Manager stellen sich derzeit mehr Fragen, als sie Antworten haben, und empfinden sich in einer Situation, in der sie relativ verzweifelt sind und eine Welle auf sich zukommen sehen, aber noch keine Maßnahmenstrategie haben, nach der sie handeln können. Genau das möchte ich erforschen und mit meinem Team und im Rahmen der Professur Ansätze finden, wie diese Veränderung aussehen muss und wie sie gestaltet werden kann. Wie kann man sich als etabliertes Unternehmen neu erfinden und wie kann man mehr Unternehmertum hineinbringen, wie kann man innovativer werden und die Logiken von den schnell skalierenden Internet-Playern und Start-ups übernehmen?

Sie haben gesagt, die Manager sind relativ verzweifelt und sehen »die Welle« auf sich zukommen. Was sind denn die Bestandteile dieser Welle?

Die Welle ist ganz klar die »Digitalisierungswelle«. Und wahrscheinlich ist sie nicht nur eine Welle, sondern eher ein Tsunami, weil sie sich ganz langsam aufbaut und dann mit Brachialgewalt zuschlägt. Ich teile Angela Merkels Meinung, wenn sie sagt: »Alles, was digitalisiert werden kann, wird auch digitalisiert werden.« Das unangenehme Gefühl in den Unternehmen entsteht durch einen wahrgenommenen Kompetenz-Gap, den die etablierten Unternehmen bei sich selbst wahrnehmen, weil sie merken, dass insbesondere Start-ups und andere Digital-Player wie zum Beispiel Google, Facebook, Apple und viele andere die Technologien, die es künftig braucht, um erfolgreich zu sein, viel tiefer verstehen. Es geht bei den etablierten Unternehmen deshalb gerade darum, dass sie die Gefahr wahrnehmen, dass sie künftig vielleicht gar nicht mehr mitspielen können. Es wird im Bereich der Digitalisierung auch viel falsch verstanden: Natürlich wird es auch in Zukunft noch physische Produkte wie Kühlschränke, Möbel und Autos geben. Aber überall, wo sich ein Mehrwert aus der Digitalisierung bietet, werden Produkte letztendlich miteinander vernetzt werden, und es entstehen ganz neue Geschäftsmodelle daraus. Also müssen Firmen heute verstehen, was der zukünftige Mehrwert der Nutzung von physischen Produkten sein kann. Online- und Offline-Funktionalitäten müssen kombiniert werden. Die Ausgangslage dabei ist so, dass die deutsche traditionelle Industrie sehr gut im Handwerk und in der Herstellung von Maschinen ist – aber noch nicht fit im Thema Digitalisierung, Vernetzung, Connected Devices kombiniert im schönen Modewort »Industrie 4.0«. Alle diese Punkte werden zu sehr mit einer Betonung des aufkommenden Risikos diskutiert und zu oft nur halbherzig als Chancen begriffen. Manche Unternehmen, insbesondere im deutschen Mittelstand, glauben immer noch, dass das nur ein vorübergehender Trend ist, und ignorieren damit, dass sie etwas tun müssen. In meinen Augen ist das aber eine unumkehrbare Entwicklung – Digitalisierung ist keine Sommergrippe, die nach einer Saison vorbeigeht, und dann kann man sich wieder auf das »gute alte Technologiegeschäft« oder das »traditionelle Maschinenbaugeschäft« konzentrieren. Leider ist das der Mindset, der in vielen Unternehmen noch herrscht – und das bewerte ich als eine große Gefahr.

Selbst denken

Menschen tragen in sich den Wunsch nach Glück und Harmonie, die sich auf alle Lebensbereiche erstrecken sollen. Aus dieser Sehnsucht erwächst die stetige Bestrebung, die Umstände so zu verändern, dass das erreicht wird. Deshalb verwundert es nicht, dass es in vielen Unternehmen Mitarbeiter gibt, die man sich als glückliche Arbeitnehmer vorstellen darf, deren Tag wohl mit einem inneren Lächeln beginnt. Sie bezeichnen sich selbst als sehr zufrieden mit ihrem Arbeitsplatz und sind dadurch natürlich eine immens wertvolle Ressource für die Unternehmen. Bedauerlicherweise beläuft sich dieser Anteil an Menschen in Deutschland auf erschreckende 16 Prozent (Quelle: Gallup Institute 2014, »Studie zur Mitarbeiterzufriedenheit in deutschen Unternehmen«). Bei 84 Prozent verhält es sich hingegen anders, denn sie sind mäßig bis gar nicht zufrieden mit ihrem Arbeitsplatz und dem Umfeld. Entsprechend sind ihre Motivation, ihr Können und ihre Bereitschaft, Verantwortung zu übernehmen und ihre Kreativität in das Unternehmen einzubringen, reduziert.

Stellen Sie sich die Mitarbeiter eines Unternehmens einmal als Rudermannschaft vor: Vorn sitzen zwei Personen, die mit viel Energie nach vorwärts rudern. Und hinten sitzen neun Menschen, die sich rudern lassen oder teilweise sogar aktiv und mit viel Energie in die Gegenrichtung rudern. Das ist die Realität der Unternehmen heute – und mit dieser Mannschaft sollen also Wettbewerbe gewonnen werden? Es ist leicht auszumachen, welche immense Kraft investiert werden muss, damit das gelingt. Doch auch die 84 Prozent mäßig bis gar nicht mehr motivierten Menschen haben das Werkstor an ihrem ersten Arbeitstag nicht in unmotiviertem Zustand überschritten. Das Unternehmen hat auch sie eingestellt, weil man in ihnen eine Fähigkeit gesehen hat, mit der sie kraftvoll zum Unternehmenserfolg beitragen könnten. Daraus folgt, dass die Unzufriedenheit innerbetrieblich erworben sein muss. Die Ursachen, die hierzu führen, unterliegen jedoch keiner höheren Macht, die es zu akzeptieren gilt, sondern sind erforsch- und veränderbar. Meiner langjährigen Erfahrung nach handelt es sich dabei um die größte versteckte Ressource der Wirtschaft, und es geht in diesem Buch auch darum, diesen Kontext zu erhellen: Was führt im Laufe der Mitarbeit in einem Unternehmen dazu, dass bei so vielen Menschen eine derart drastische und deutliche Demotivation und Unzufriedenheit entsteht?

Grenzen des heutigen Führungskonzepts

Wenn wir über Unternehmen sprechen, so meinen wir meistens hierarchische, soziale Gefüge aus Führungskräften und Mitarbeitern, die gemeinsam Ziele verfolgen. Muss denn ein Unternehmen so organisiert sein? lautet die provokative Frage. Wo wurde erforscht und nachgewiesen, dass gemeinsame Ziele in dieser Form und am leichtesten unter bestmöglicher Berücksichtigung der Interessen des Kapitals und der Menschen zu erreichen sind? Stellt man einem Unternehmer oder einem Manager die Frage, was im Kern die Anforderung an seine Führungsrolle im Unternehmen ist, so hört man als Antwort oft, der Zweck und Nutzen von Führung sei es, sicherzustellen, dass alle Mitarbeiter ihren bestmöglichen Beitrag zur Wertschöpfung und Leistung des Unternehmens erbringen können. Diese unternehmerische Anforderung weist der Führungskraft also die Rolle des Möglichmachers, Enablers, Unterstützers und Befähigers zu, durch den die Mitarbeiter in die Lage versetzt werden sollen, ihr Bestmögliches zu erbringen. Es lohnt sich, zu erforschen, wie unser heutiges Führungskonzept entstanden ist und ob es die Erwartungen erfüllt.

Die Wurzeln heutiger Führung

Die hierarchische, disziplinarische Führung, bei der einzelne Personen anderen Personen in pyramidenähnlichen Strukturen vorgesetzt sind, stammt ursprünglich aus dem militärischen Kontext. Sie etablierte Disziplin und Gehorsam durch Unterstellung vieler unter die Führung weniger. Da die Entscheidungsmacht bei wenigen liegt, wird insbesondere in Krisensituationen, in denen schnell eine eindeutige und unmissverständliche Ausrichtung und Koordination der gesamten Gruppe erreicht werden soll, abgestimmtes und schnelles Agieren möglich. Tatsächlich erscheint es nicht sinnvoll, in krisenhaften oder gar Gefechtssituationen lange Zeit darauf zu verwenden, die beste Lösung innerhalb einer Gruppe zu finden. Anforderungen und konzeptionelle Antwort sind hier somit im Einklang – diese Art der Führung ist die bestmögliche, um in Krisensituationen Effektivität herzustellen.

Die pyramidalen Führungsstrukturen des Militärs setzten sich Ende des 19. Jahrhunderts auch anderweitig durch und wurden adaptiert, um auch in anderen Bereichen die Leistung zu erhöhen. Vermehrt ging es in der Landwirtschaft zum damaligen Zeitpunkt darum, Tagelöhnergruppen bei der Feldarbeit einzusetzen. Durch die niedrige Bildungsstruktur in Kombination mit der Herkunft herrschten eine recht hohe Unzuverlässigkeit sowie wenig Pünktlichkeit und Ausdauer. So kamen Arbeiter zu spät, verließen bei Müdigkeit spontan ihren Arbeitsplatz, und auch Alkoholmissbrauch spielte eine große, die Arbeitsleistung beeinträchtigende Rolle. Aus diesem Grund wurde die Position des »Vorarbeiters« erschaffen, dessen Aufgabe es war, die Tagelöhnergruppen zu kontrollieren, zu koordinieren und anzutreiben. Um diese Aufgabe erfüllen zu können und Akzeptanz und Durchsetzungsmacht zu demonstrieren, war es sinnvoll, Überlegenheit durch die Möglichkeit der Sanktion – sprich Entlassung – herzustellen. Erst durch sie war die erwünschte Kontrollfunktion der Führung möglich und wurde von den Tagelöhnern akzeptiert. »Folgst du nicht unseren Regeln, bist du raus« – das ist der Hebel bei diesem Vorgehen. Im Kern ist es immer noch genau dieses Führungskonzept, welches in verschiedenen Variationen auch heute in den Unternehmen angewandt wird.

> **Die Position des »Vorarbeiters« wurde erschaffen, um Tagelöhnergruppen zu kontrollieren, zu koordinieren und anzutreiben.**

Geänderte Anforderungen

Führung gibt in den Unternehmen Ziele und Grenzen vor, innerhalb derer sich Mitarbeiter inhaltlich autonom, aber kulturellen Vorgaben genügend bewegen dürfen. Die Autonomie ist sehr unterschiedlich ausgestaltet und richtet sich offiziell vor allem nach der Aufgabe, die es zu erfüllen gilt. Ich beobachte in den Unternehmen, dass es tatsächlich aber vier innerbetriebliche Faktoren sind, die den Grad der Autonomie der Mitarbeiter wesentlich beeinflussen: Aufgabenstellung, Fähigkeiten und Verhalten des jeweiligen Mitarbeiters, Fähigkeit und Verhalten der Führungskraft sowie die herrschende Unternehmenskultur in Gänze.

Schauen wir zurück zu den Ursprüngen der hierarchischen Führung und gleichen ab, ob eine Übernahme in heutige Zeiten sinnvoll ist: Die damaligen Tagelöhner waren unqualifizierte Mitarbeiter, deren Arbeitsleistung überwiegend auf ihrer Muskelkraft beruhte. Auch in unserem heutigen Führungskonzept steckt immer noch die kontrollierende – und damit auf Misstrauen fußende – Rolle des Vorarbeiters. Ich bin der Meinung, dass hier ein eklatanter Widerspruch existiert zwischen dem, was die Unternehmen glauben, wie sie Führung umsetzen, und dem, wie sie es tatsächlich tun. So haben viele Unternehmen Führungsgrundsätze, die sich auf dem Papier enorm gut lesen und – würden sie so gelebt – sicher eine großartige Grundlage für eine effiziente Organisationskultur wären. Meine Erfahrung ist jedoch, dass durch die mitschwingende Haltung, aus der das Führungskonzept in seiner heutigen Form erwachsen ist – nämlich Kontrolle, Misstrauen und Sanktionen –, ein Führungsdilemma zwischen Involvierung, Mitdenken und Vertrauen auf der einen Seite und Misstrauen und Kontrolle auf der anderen Seite entstanden ist. Mitarbeiter sind heute zu überwiegenden Teilen Geistesarbeiter, die selbstständig denken und handeln müssen. Die Art und Weise der Leistungserbringung hat sich somit gegenüber früher radikal verändert.

Können Mitarbeiter also die in sie gesetzten Anforderungen innerhalb des herrschenden Führungskonzepts überhaupt noch erfüllen? Gibt es eventuell Aufgaben, die auf der Strecke bleiben? Und was löst es generell bei Mitarbeitern heute aus, wenn ein »historisches« Konzept auf diese »modernen« Anforderungen trifft?

Einfluss von disziplinarischer Führung auf die Kultur

Kultur wird in den Unternehmen durch zwei Dinge geprägt: die Organisationsstrukturen und -prozesse und das Verhalten der Führungskräfte. Mitarbeiter beobachten vor allem Letzteres und lernen abzuschätzen, welches Verhalten ihrerseits erwartet, gutgeheißen und durch diverse Vorteile wie Anerkennung, Gehaltserhöhung, Beförderung, Prestige, Bevorzugung oder Freiheiten belohnt wird. Der Hebel, der es den Führungskräften ermöglicht, ihren Mitarbeitern solche Verhaltensvorgaben zu machen, ist die Tatsache, dass die Mitarbeiter – ebenso wie es die Tagelöhner waren – sanktionierbar sind.

Indirekt wirkt das vertragliche Verhältnis mit seiner einhergehenden tatsächlichen oder gefühlten wirtschaftlichen Abhängigkeit dauerhaft als latentes Druckmittel auf die Mitarbeiter. Außerdem hat die Tatsache, dass der Mensch als Teil einer Gruppe keinesfalls seine Position gefährden möchte und sich deshalb sozial anpasst, eine gewisse Wirkung. Damit möchte ich keinesfalls behaupten, dass alle Führungskräfte das bewusst ausnutzen. Aber durch diese Konstellation wird einer Gruppe – nämlich den Führungskräften – de facto Macht über eine andere Gruppe – die Mitarbeiter – gegeben. Und das ist hochgradig unabhängig von der tatsächlichen Führungsausübung einer Führungskraft sowie erst einmal einfach nur ein systemimmanenter Faktor.

Es gibt in diesen hierarchischen Systemen also die Furcht, dem sozial erwarteten und erwünschten Bild nicht zu entsprechen. Je nach Persönlichkeitsstruktur und Prägung üben Menschen die Rolle einer Führungskraft sehr unterschiedlich aus. Es ist jedoch meiner Beobachtung nach tabuisiert, über die Angst zu sprechen, die Führung bei den Geführten auslöst. Am Beispiel von VW kann man ablesen, wie wenig funktional und in Folge dann auch existenzbedrohend für das ganze Unternehmen diese Angst sein kann. Die Angstkultur, die

Ferdinand Piëch dort installiert hat und die von Martin Winterkorn weitergeführt wurde, führte dazu, dass keine Lösungen mehr gefunden werden, die tragfähig sind. Gerade unbequeme Wahrheiten gelangten nicht mehr an die Spitze der Pyramide, weil dort oft der Bote als Überbringer der Nachricht diskreditiert und schlicht für unfähig erklärt wird. Wäre er fähig, gäbe es ja das Problem nicht – so die Denke des Topmanagements. Das führt bei komplexen Problemen, wie sie in einer globalisierten Wirtschaft häufig auftreten, zu einem Lösungszwang der Probleme auf der mittleren Ebene sowie fehlendem Problembewusstsein und mangelnder Verantwortungsübernahme im Topmanagement. Wenn Probleme dann eben nicht auf der mittleren Ebene lösbar sind – wie die Produktion eines umweltfreundlichen Dieselmotors es offensichtlich war –, schreckt man offenbar nicht einmal vor einer kriminellen Handlung zurück, um dem Performancedruck des Topmanagements zu entsprechen.

Viele Menschen argumentieren an dieser Stelle, dass es natürlich trotzdem einen gewissen Bedarf an Kontrolle und Druck gibt, denn sonst würde ja jeder machen, was er will. Ist das wirklich so? Schauen wir uns doch einmal an, wie viele Mitarbeiter in den Unternehmen schlechte Leistung erbringen würden, wenn sie nicht kontrolliert würden. Die Gruppe muss groß sein, denken Sie? Es würde sich sonst nicht lohnen, diesen hohen Preis zu akzeptieren, den Unternehmen bezahlen, indem sie pauschal alle kontrollieren und antreiben, oder? Ich muss Sie leider enttäuschen, denn so ist es nicht. Fragt man nach, um welche prozentuale Gruppengröße es sich bei den »schwarzen Schafen« handelt, so ist die Antwort 3 bis 4 Prozent. Das bedeutet also, dass Unternehmen diese Art und Weise der Führung und den daraus erwachsenden möglichen negativen Gesamteffekt auf die Leistungsfähigkeit der anderen akzeptieren, um 3 bis 4 Prozent Fehlleistungen und mangelnde Motivation zu vermeiden.

Das so ausgedrückte Misstrauen allen gegenüber ist etwas, das das Handeln von Mitarbeitern und Führungskräften prägt. Ich finde das sehr bemerkenswert, denn bei der Aufgabe, eine Vertrauenskultur herzustellen, hat es noch nie funktioniert, ambivalent zu sein: Eindeutigkeit und Berechenbarkeit sind die Grundpfeiler, auf denen eine

verlässliche Kultur ruht. Es gibt keine Demokratie mit partiellen dik-
tatorischen Zügen, die ihren Einwohnern Verlässlichkeit und inneren
Frieden beschert. Es gibt kein liebevolles Elternhaus mit situativen
Ohrfeigen und Willkür. Und es gibt auch kein Unternehmen, in dem
ich als Mitarbeiter spüre, dass das Unternehmen mir und meinem
Leistungswillen vertraut und dass es mich gleichzeitig kontrolliert
und somit auch reduziert. Indem Unternehmen sich ihrer Ambiva-
lenz in der Führungsausübung nicht bewusst sind, treffen sie automatisch eine Entscheidung zugunsten der Einführung und Stärkung
von Misstrauen.

Aus meinen vielen Begegnungen mit hochmotivier-
ten und reflektierten Managern bin ich sicher,
dass das meistens tatsächlich keine beabsichtigte
Vorgehensweise ist, sondern eine unbewusste.
Nahezu kein Unternehmer und kein Topmanagement wären bereit, einen so hohen Preis zu
bezahlen, wie ihn dieser Misstrauenseffekt kostet, wenn sie sich dessen bewusst wären und er-
probte Alternativen für sie sichtbar wären. Vielmehr
ist es heute so, dass disziplinarische Führung durch die
lange Tradition, die sie hat, mittlerweile als eine Art Naturge-
setz angesehen wird. Alternativen sind nicht mehr denkbar, und eine
Diskussion darüber wird nicht geführt. Die disziplinarische Führung
als Konzept ist so sehr in die Unternehmens-DNA gelangt, dass Alternativen nicht möglich erscheinen. Es ist, als würde ein Gesetz bestehen, das auch als Grundlage in der gängigen Managementliteratur
und den Management Schools gelehrt wird: Für Unternehmen gibt es
nur ein mögliches »Betriebssystem« – und das besteht aus hierarchi-
scher, pyramidaler Führung.

> **Disziplinarische Führung wird durch die lange Tradition, die sie hat, als eine Art Naturgesetz angesehen.**

Selbstzweifel und ihre Folgen

Gerne möchte ich an dieser Stelle einen Blick ins Innere des Menschen werfen. Der Freud-Schüler Alfred Adler geht davon aus, dass
jeder Mensch einen Selbstwertmangel in sich trägt und danach strebt,

diesen zu überwinden. Dieser Mangel ist ein Motor – vielleicht sogar der stärkste – für sehr viele unserer Verhaltensweisen. Adler beschreibt, wie der Mensch in seinem tiefsten Inneren immer wieder skeptisch gegenüber der eigenen Leistung und der Akzeptanz durch andere ist. Es ist eine Art Urzweifel in uns allen, für den einen mehr spürbar, für den anderen weniger, beim einen schon bewusster und damit meist schon nicht mehr so wirksam, beim anderen noch als tiefliegende Wunde. Die meisten Individualpsychologen gehen davon aus, dass dieser Selbstwertmangel daraus resultiert, dass wir als Kinder nie in Gänze das an Aufmerksamkeit, Teilhabe, Wertschätzung, Bestärkung erhalten, was wir ersehnen oder brauchen. Dadurch, dass wir alle fehlbar sind, sind wir es als Eltern natürlich ebenso – und dieser Fakt löst in Kindern eine Sehnsucht aus.

Ich habe dazu eine sehr tiefgehende Beobachtungsmöglichkeit gehabt in meiner Zeit an der Lee-Strasberg-Schule in New York. Die Strasberg-Methode geht auch von der Erkenntnis Adlers aus, dass jeder Mensch diesen Selbstwertmangel in sich trägt. Sie nennen es den »Personal Need«, übersetzt in etwa das »persönliche Urbedürfnis«. Ich durfte an einer Gruppenübung teilnehmen, die mir eine große Lernerfahrung über einen wichtigen Bestandteil der Psyche des Menschen und seines Antriebs beschert hat. Bei dieser eintägigen Übung konnten von 100 Teilnehmern 96 innerhalb von fünf Minuten erkennen, welches ihr »unbefriedigtes, kindliches Urbedürfnis« ist. Das lag zum einen an der Fragetechnik, aber zum anderen auch an der Offenheit, mit der sich die Gruppe auf die Übung eingelassen hat. Fast alle Teilnehmer waren auch in der Lage zu erkennen, was sie tun, um diesen Mangel immer und immer wieder auszugleichen. Ein Teilnehmer nannte es seine »innere Bedürfnisbefriedigungsmaschine« und verstand, dass sehr viele seiner beruflichen und privaten Handlungen von ihr motiviert sind. Besonders frappant war hierbei die Erkenntnis, dass es nicht sehr viele Variationen der Ursehnsucht zu geben scheint. Von etwa 60 teilnehmenden Männern hatten ungefähr 30 das gleiche Bedürfnis: »Ich möchte Anerkennung von meinem Vater bekommen.« Die Handlung, die diese Männer daraus ableiten, ist, sich im Beruf und im Privatleben ständig nach Anerkennung umzusehen – es ist wie bei einer durstigen Kehle, deren Durst nie gestillt wird, egal wie viel man trinkt. Bei den Frauen war ein mehrfach sich wiederholendes Bedürfnis »Ich möchte dafür geliebt werden, was ich bin, und nicht dafür, was ich tue«.

Interessant ist, dass Menschen diese Selbstzweifel in jede Situation mitbringen. Und ein verunsicherndes Umfeld trägt oft zur Verstärkung dieser Selbstzweifel bei. Das kann als Hauptursache für reduzierte Leistungsstärke gelten. Vielzählige Experimente der Psychologie haben erwiesen, dass verunsicherte Menschen nicht nur schlechtere Leistungen erbringen als Menschen, denen man Vertrauen entgegenbringt, sondern sich die Leistung in einer Negativspirale auch immer weiter verschlechtert, weil das positive Feedback ausbleibt und sich die Zweifel zunehmend bestätigen und verfestigen. Bereits bei Kindern ist zu beobachten, dass Kontrolle die Leistungen negativ beeinträchtigt.

Das funktionierende Konzept dahingegen ist, darauf zu vertrauen, dass der Mensch selbst lernen will, und ihm eine Möglichkeit der Selbstkontrolle anzubieten. In Kombination mit einem Lehrer, der sich als Entwicklungsunterstützer sieht und für Fragen und Erklärungen zur Verfügung steht, entsteht so eine Lernatmosphäre, die den inhärenten Lernimpuls des Menschen nicht zerstört, sondern erhält und stärkt. Ein »schlechter« Schüler beispielsweise, der vor der Klasse an die Tafel zitiert wird, zeigt erfahrungsgemäß allein durch die Gefahr der Bloßstellung und die Erfahrung seiner bisherigen Fehlleistung deutlich schlechtere Ergebnisse, als er müsste. Diese Logik gilt nicht nur für Kinder, sondern auch für Erwachsene.

Wie bereits erwähnt, sind Unternehmen heute durch den zu bewältigenden Wandel mehr denn je abhängig von der Kreativität, Motivation und Eigenverantwortung ihrer Mitarbeiter. Sie werden jedoch diese Fähigkeiten und Potenziale nur dann zur Blüte bringen können, wenn sie das Gefühl haben, man traut es ihnen zu: Vertrauen als Grundlage gemeinsamen Handelns ist also in den Unternehmen unumgänglich, wenn es darum geht, die maximale Leistungskraft des Einzelnen und somit des Gesamtsystems zu aktivieren. Vertrauen muss

> **Vertrauen ist der zentrale Erfolgsfaktor jeder Unternehmenskultur.**

daher als zentraler Erfolgsfaktor jeder Unternehmenskultur erkannt werden. Und Sätze, die beginnen mit »Aber ein bisschen Kontrolle …«, »Ein paar Ampel-Sheets pro Monat …«, »Wenigstens die Corporate Balanced Score Card …«, »Ein paar Excel-Tabellen …« oder »Ein Leistungsbeurteilungsgespräch pro Jahr …« müssen genau als das erkannt werden, was sie sind: der Versuch, weiterhin Kontrolle beizubehalten – und damit die Stärkung des Misstrauens.

Weitere Effekte von Kontrolle

In den großen Unternehmen gibt es einen der Führungsetage oft nicht bewussten Vorgang, der sich im ganzen Betrieb ausbreitet: Durch die Anforderungen, immer effizienter zu arbeiten, wird nach Wegen gesucht, die eigene Arbeit in andere Bereiche zu verlagern. Wie muss man sich das vorstellen? Schauen wir uns dazu exemplarisch den Einstellungsprozess eines neuen Mitarbeiters an. Früher war es die Aufgabe des Bereichs »Human Resource« (HR), zunächst die Anforderungen des Fachbereichs an den neuen Mitarbeiter zu klären, daraus eine Anzeige oder ein Briefing für einen Headhunter zu formulieren, gegebenenfalls die Anzeige zu schalten, eingehende Bewerbungen zu selektieren, mit den Bewerbern zu kommunizieren, Vorstellungstermine zu organisieren und den Prozess bis zum Vertragsabschluss zu begleiten. Heute dagegen läuft dieser Vorgang ganz anders ab: Die meisten großen HR-Bereiche haben IT-Systeme, die sie den Fachbereichen zur Verfügung stellen. Hat der Fachbereich also jetzt eine Personalanforderung, so pflegte er sein Anforderungsprofil in die Software ein, formuliert zum Teil sogar Stellenanzeigen oder Personalberater-Briefings selbst und schickt diese zur Freigabe an den HR-Bereich. Eingehende Bewerbungen gehen dann auch direkt dem Fachbereich zu, der selbst eine Vorauswahl trifft und die Vorstellungsgespräche organisiert. Hierzu lädt er den HR-Bereich ein. Selbst die Vertragserstellung ist – zumindest in einem ersten Entwurf und unterstützt durch die Software – oft eine Arbeitsleistung des Fachbereichs.

Dem HR-Bereich kommt in dem ganzen Prozess eine kontrollierende und freigebende Rolle zu. Die Arbeitsintensität für den HR-Bereich ist wesentlich gesunken, wodurch er der Unternehmensleitung nachweisen kann, effizienter geworden zu sein. Tatsächlich hat sich die Arbeit jedoch im Wesentlichen nur in den Fachbereich verlagert, der dadurch in seiner Arbeitskraft geschwächt wird. Was wir hier an einem exemplarischen Vorgang sehen, vollzieht sich in sehr ähnlicher Form in ganz vielen Bereichen der großen Unternehmen. Ich kenne Unternehmen, in denen der Einkaufsbereich die Verhandlungen mit Lieferanten in die Fachbereiche verlagert hat. Auch die Zutrittskontrolle von Fremdfirmen wird oft in den Fachbereichen selbst organisiert.

Die Liste von Zusatzaufgaben ist beliebig lang: Budget- und Controlling-Tabellen ausfüllen, Kennzahlen erheben, Fehlzeiten von Mitarbeitern dokumentieren, Bewertungsbögen bearbeiten, Kantinenanmeldungen vornehmen, PC- und Telefon-Hardware ordern, Raumanforderungen und -gestaltung festlegen. Es scheint so, dass sehr viele Bereiche des sogenannten »Overheads« – also alle Funktionen, die nicht direkt mit der Erstellung und der Vermarktung des Kernproduktes betraut sind – eine ähnliche Antwort auf den Ruf der Unternehmensleitung nach mehr Effizienz und mehr Kontrolle und Überblick geben: Es werden IT-Systeme angeschafft, durch die die Arbeit in die Fachbereiche verlagert wird, sodass der Overhead-Bereich seine Leistungen mit weniger Personal erbringen kann. Die Tatsache, dass durch diese vielfachen neuen Arbeiten der Fachbereich erheblich ineffizienter und langsamer wird, ist dem Unternehmen meistens überhaupt nicht bewusst. Was man aber sehr wohl erkennt, ist, dass der Fachbereich früher schneller gearbeitet hat. Also fordert man, dass er in seinem eigentlichen Kerngeschäft ebenfalls effizienter wird. Aus diesem Zusammenspiel ergibt sich das Empfinden der »Arbeitsverdichtung«. Fragt man Mitarbeiter in den wertschöpfungsnahen Bereichen eines Unternehmens, in welcher Form heute noch Kosteneinsparungen möglich sind, so hört man häufig: »Schafft die mannigfaltigen Dokumentations- / Zuarbeits- und Controlling-Pflichten ab, die heute 70 Prozent meiner Zeit einnehmen, und lasst uns wieder unsere Arbeit machen!« Das muss der Unternehmensleitung bewusst werden.

Teufelskreis

Ein Teufelskreis ist ein System, in dem mehrere Faktoren sich gegenseitig verstärken und so einen Zustand immer weiter verschlechtern. Derzeit sind in vielen Unternehmen, die ich kenne, zwei Teufelskreise im stetigen Wechsel zu beobachten – die folgende Abbildung zeigt sie.

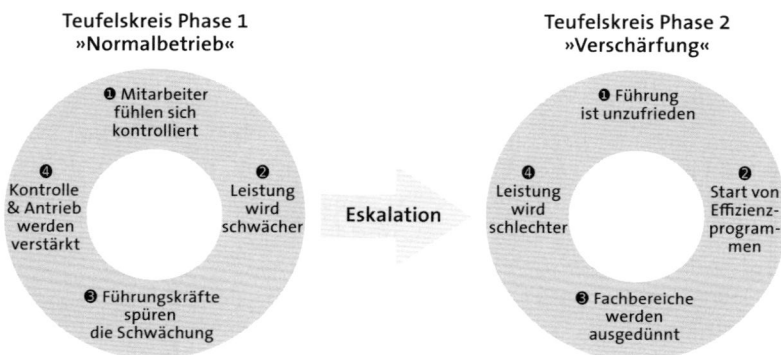

Ist es nicht bemerkenswert, dass es so offensichtlich ist, dass mit Kontrolle keinesfalls das Ziel besserer inhaltlicher Leistung, größerer Verantwortungsübernahme und einer Gesamtoptimierung erreicht werden kann? Erreicht wird durch dieses Vorgehen allenfalls eine kurzfristige, leichte Ergebnisverbesserung, aber vor allem eine weitere Überforderung der Mitarbeiter, verstärkte Abwanderung kreativer Mitarbeiter sowie eine weitere Erhöhung der Unzufriedenheit der Unternehmensführung.

Wenn es in Gruppen Menschen gibt, die disziplinarische Führungsmacht über andere und dadurch mehr Verantwortung und mehr Kontrolle haben, kommt es dazu, dass alle anderen Personen weniger Verantwortung übernehmen, weniger Kreativität entwickeln und weniger Eigeninitiative zeigen werden. Die latente Kontrollfunktion, die die Führung innehat, prägt die Kultur des Unternehmens und führt bei den Mitarbeitern zu Angst und einem gefühlten unterschwelligen

Misstrauen ihrer Kompetenz und ihrer Urteils- und Verantwortungs-
fähigkeit gegenüber. Das wiederum führt zu einer tatsächlichen Erhöhung der Inkompetenz, zu einer Schwächung der Urteilsfähigkeit
und einer Senkung der Eigenverantwortung – und damit zu weitaus
schlechteren Leistungen für das Unternehmen als möglich. Die Unzufriedenheit der Führung mit der gespürten »Halbherzigkeit« der
Mitarbeiter erhöht bei der Führung den Wunsch, verstärkt anzutreiben, vorzugeben und zu kontrollieren. Ganze Abteilungen werden
geschaffen, um die anderen zu kontrollieren. So schließt sich dann
der Teufelskreis, denn durch die Zuarbeit der Fachbereiche zu den
kontrollierenden Abteilungen werden Erstere erneut geschwächt:
Wie oben beschrieben hat das empfundene Misstrauen seinen Preis.
Die Reporting-Leistung kostet außerdem Zeit und vermindert so die
Effizienz weiter. Fast schon zynisch wirken dann Programme, bei denen ebenjene überforderten Fachabteilungen Abbau betreiben sollen,
weil die Kosten so hoch geworden sind. Und natürlich brauchen auch
diese Programme Kontrolle ...

Um diese Teufelskreise zu durchbrechen, muss sich die Führungsebene
ihrer Existenz und Wirkungsweise bewusst sein. In den Unternehmen sind es die Innovationsabteilungen wie Strategie oder Organisationsentwicklung, die diese Gesamtübersicht und das Infrage-Stellen
des Status quo leisten müssten. Aber ihre Fähigkeit und ihr Mut, ge-
samtunternehmerisch zu denken und die Unternehmensleitung zu
unterstützen und zu fordern, ist durch die herrschende Misstrauens-
und Kontrollkultur geschwächt. Außerdem sind diese Abteilungen
meistens nicht Teil des Topteams, und somit ist ihr Einfluss begrenzt.
Deshalb existiert ein derartiger Dialog nicht auf der Vorderbühne und
in den offiziellen Strukturen, sondern nur nahezu verschämt, aber
leidenschaftlich auf der Hinterbühne der Konzerne.

Erste Lichtblicke

Weltweit werden derzeit Alternativen sichtbar, bei denen eine Umsteuerung geschieht in Richtung Vertrauen, Stärkung der Verantwortung der am Kernprozess beteiligten Bereiche sowie Ausdünnung,

Begrenzung und Abschaffung der Kontrollbereiche. Es sind Wege, die bereits nachweislich effektiv sind und die ihre Prüfung bestanden haben, indem sie höhere Unternehmensgewinne kombinieren mit einer hohen Mitarbeiterzufriedenheit und -motivation. Es entsteht eine Art »biophile« Atmosphäre, in der Menschen ihr Bestes einbringen können – und es dadurch auch tun. Der Arbeitsraum wird zu einem Lebensraum, weil jeder Einzelne sich selbst, seine Gedanken und Bedürfnisse in das Unternehmen einbringen kann. Ich denke, kein Unternehmen darf heute mit mageren 16 Prozent motivierten Mitarbeitern zufrieden sein. In einer solchen Umsteuerung liegt ein immenses Effizienzpotenzial für die Kapitalseite – und eine enorme Chance auf Zufriedenheit und Motivation der Menschen in den Unternehmen.

Es gibt bereits heute Unternehmen, die einen völlig anderen, neuen Weg gewählt haben und dadurch Kontrolle und Misstrauen schwächen und Vertrauen, Kreativität und Eigenverantwortung stärken. Bei manchen hat dieses Umdenken stattgefunden, als das Unternehmen kurz vor oder bereits in der Insolvenz war und eine radikale Neuerfindung nur noch Chancen in sich barg.

Audi zum Beispiel geht erste Schritte in eine richtige Richtung, aber wie wirksam das ist, wird sich erst zeigen, wenn man die im Labor zugelassene Kultur in das ganze Unternehmen bringt. Auch neu gegründete Unternehmen machen es meist schon besser: Sie etablieren gleich zu Beginn eine völlig andere Kultur und laufen damit den bestehenden Unternehmen den Rang vor allem in den Bereichen der Innovationsfähigkeit und der Attraktivität als Arbeitgeber ab. Mein Rat geht deshalb an Konzernlenker, Geschäftsführer und konzerninterne Querdenker: Stellen Sie sich den Herausforderungen, die deutlich sichtbar sind! Man kann ihnen nicht entkommen: Es geht jetzt und heute um aktive Gestaltung – und der Staffelstab liegt bei Ihnen!

Perspektivwechsel: Teil II

Fortsetzung des Gesprächs mit Prof. Dr. Julian Kawohl

Herr Prof. Kawohl, vor welchen Herausforderungen stehen die Unternehmen Ihrer Ansicht nach, wenn sie versuchen, der Digitalisierung zu begegnen?

Es gibt verschiedene Herausforderungen. Also, man muss natürlich zunächst überhaupt einmal die Tragweite erkennen. Dies umfasst primär das Thema Geschäftsmodellstrategie, bei dem ein Vorstellungsvermögen entwickelt werden muss, wie die Welt in 5 bis 10 oder 20 Jahren aussieht und welche mehr oder minder radikalen Veränderungen für das eigene Business erwartet werden. Ein weiterer Baustein ist dann auch die Frage, wie Organisationen ticken, warum sie bisher erfolgreich waren und ob sie mit diesem Vorgehen auch in Zukunft noch erfolgreich sein werden. Eine alte Weisheit besagt, dass nichts gefährlicher für den Erfolg ist als zu lange anhaltender Erfolg. Organisationen werden dann träge und im Extremfall überheblich. Gerade deshalb ist es so wichtig, sich hier regelmäßig zu hinterfragen und in einen kontinuierlichen Anpassungsmodus zu kommen. Dies ist zugegebenermaßen nicht einfach, da es nicht den üblichen Corporate-Logiken entspricht.

Wann sind Unternehmen denn heute erfolgreich?

Einerseits, wenn sie eine starke Marke haben, und andererseits, wenn sie durch ihre Größe riesige Erträge erwirtschaften und das durch stetige stückweise Optimierung, Perfektionierung, Kostensparprogramme und durch Produktivitätssteigerung sichern. Damit konnten in der Vergangenheit hohe Markteintrittsbarrieren geschaffen werden, die es neuen Wettbewerbern schwer gemacht haben, in etablierte Märkte einzutreten.

Ist es das, was sie auch in Zukunft brauchen, um weiter erfolgreich zu sein?

Nein, das funktioniert nicht mehr in dieser Form beziehungsweise wird mittelfristig nicht mehr funktionieren. Insbesondere das »Verbesserung-pro-Produkt-Denken« ist hier ein großes Defizit, welches Corporates heute davon abhält, Digitalisierung und Transformation richtig zu verstehen. Die großen Unternehmen können durch diese Fokussierung häufig nicht in Geschäftsmodellen denken – und wenn sie es können, können sie es nicht umsetzen, weil eine Umsetzungskultur fehlt, die aus Schnelligkeit, Flexibilität und Kreativität besteht und die bisher einfach nicht notwendig war, um erfolgreich zu sein. Für mich bedeutet das, nicht mehr in Einzelproduktverbesserungen zu denken, sondern Produkt-Service-Kombinationen zu gestalten. Und wenn ich es selbst nicht hinbekomme, dann muss ich mit Partnern zusammenarbeiten und dabei immer in Wertschöpfungslogiken denken, die über die simple Optimierung eines Produkt-Features hinausgehen.

Viele der von Ihnen genannten Dinge hören sich für mich nach kulturellen Aspekten an. Wie sehen Sie das?

Ja, das ist definitiv auch kulturell. Kultur ist doch enorm viel von dem, was ich brauche, um eine Strategie umzusetzen. Und dazu gehört die Organisation mit den Fragen, wie hierarchisch ist ein Unternehmen strukturiert und wie kann Kreativität freigesetzt werden, welche Prozesse gestaltet man dazu und mit welchen Menschen macht man das. Corporates können sehr gut in Prozessen denken, aber diesen »Test-and-learn-Prozess«, den es für Neugestaltung braucht, können sie nicht – und sie haben auch den Kunden aus dem Blick verloren. Im Handelsblatt gab es vor gar nicht allzu langer Zeit ein Interview mit Johannes Teyssen, dem CEO von Eon. Er sagte, Eon müsse sich wieder mehr um den Kunden kümmern. Ich finde es sehr kritisch, wenn der größte Energiedienstleistungskonzern Euro-

Lineare Unsteuerbarkeit komplexer Systeme

In den letzten Jahren nimmt die Zahl der Mitarbeiter zu, die die Art und Weise, mit der ihr Unternehmen geführt wird, für falsch halten. Meistens wird als Symptom geäußert, dass mannigfaltige Kontrollinstanzen und automatisierte Prozesse für beispielsweise die Personalabteilung, die Einkaufsabteilung oder das Controlling eingeführt, ausgefüllt, bedient und verändert werden. Daneben erschlagen die Anzahl der Meetings vor allem die Mitarbeiter ab der Teamleiterebene aufwärts, da sich diese Termine oft fast nahtlos über den gesamten Tag verteilen. Für die eigentliche Arbeit bleibt immer weniger Zeit, geschweige denn dafür, dass konzeptionell in Ruhe Neues erdacht, diskutiert, ausprobiert und implementiert werden kann. Das System führt dazu, dass die Menschen sich fühlen wie im berühmten Hamsterrad. Sie berichten davon, dass sie das Gefühl haben, ohne Sinn und Reflexion über die Ausrichtung und die Art und Weise, wie sie arbeiten müssen, Teil einer immer stärker werdenden Beschleunigung zu sein.

Im ersten Kapitel dieses Buchs wurde bereits dargestellt, welche äußeren Faktoren zu diesem Gefühl der Mitarbeiter führen. Und im vorangegangenen Teilkapitel haben wir die Herkunft und Wirkungsweise des fast überall eingesetzten »Betriebssystems« aus Hierarchie und Kontrolle beleuchtet. Dieses Betriebssystem eignet sich sehr gut für Systeme, bei denen wenige Veränderungen und äußere Einflussfaktoren berücksichtigt werden müssen. Das Unternehmen wird dabei wie eine Maschine betrachtet, bei der es Zahnräder gibt, die ineinandergreifen müssen. Diese Herangehensweise entsprang, wie wir wissen,

Das Betriebssystem aus Kontrolle und Hierarchie ist überholt.

den Anfängen der Führung. Es ist auch heute noch sehr gut überall dort nutzbar, wo wenig Kreativität gefragt ist, dafür aber »Operational Excellence« wichtig ist – beispielsweise beim Bau oder bei der Wartung von Flugzeugen. Kreativität ist für die Mitarbeiter hierbei nicht nötig, um diese Arbeit gut zu leisten. Sie könnte sogar erheblichen Schaden anrichten.

In vielen Bereichen der Wirtschaft haben sich aber die Kundenbedürfnisse und Erwartungen an die Produkte, das Bewusstsein der Mitarbeiter selbst und ihr Anspruch an die Arbeit, die Umwelt, die Konkurrenzsituation, die Marktpotenziale, die Vertriebskanäle, die Marketingplattformen und die Möglichkeiten der Digitalisierung fulminant entwickelt und tun es noch. Und aus dem Unternehmen, das ehemals linear zu führen war, weil es vorhersagbar, planbar und eindeutig war, ist ein sogenanntes nichtlineares System geworden. Es gleicht einem lebendigen, in Beziehung und Abhängigkeiten stehenden Organismus, der seine optimale Form ständig neu suchen muss, um bestmögliche Ergebnisse zu erzielen.

Falsches Betriebssystem

Die Unzufriedenheit der Mitarbeiter wird genau aus diesem riesigen Fehler gespeist, bei dem weiter das alte Betriebssystem aus Planung und Kontrolle verwendet wird. Es ist aber für nichtlineare Systeme überhaupt nicht geeignet und deshalb fühlt sich das im Unternehmen ungefähr so an, als ob Sie Ihr iPhone mit dem Android-Betriebssystem betreiben anstatt mit iOS. Und dabei ignorieren Sie Abstürze, Fehlermeldungen, Bugs, mangelhaft funktionierende Kalender-Apps, fehlende Synchronisationsmöglichkeiten und rufen laut »try harder«.

Das Merkmal dieser nichtlinearen Systeme ist, dass ihre Teile untereinander – in diesem Fall die verschiedenen Abteilungen, Niederlassungen, Outsourcing-Partner und Kunden – in ständiger Wechselwirkung stehen. Die einzige Möglichkeit, in einem solchen System stabile Strukturen, Lernen und Informationsverarbeitung zu ermöglichen, ist die Selbstorganisation. Die Wissenschaft hat das längst belegt, aber es gibt eine seltsame Neigung zur Negation dieser Erkenntnisse in den Unternehmen. Es geht heute darum, die bei den Mitarbeitern und Lieferanten, teilweise sogar bei den Konkurrenten (siehe Teslas Vorgehen, seine Patente alle offenzulegen) vorhandene kollektive Intelligenz zu vernetzen und bestmöglich zu nutzen, um Antworten auf die Herausforderungen zu finden. Nur so kann in einem solchen System eine innere Harmonisierung und Balance einkehren.

Genau diesem Prozess steht jedoch die Hierarchiepyramide in ihrer Starrheit im Weg. In ihr fühlt sich auch das Topmanagement stetig so, als müsse es ein Flugzeug durch eine unendliche Nebelbank fliegen, und würde merken, dass die Instrumente, die es zum Navigieren nutzen möchte, nicht funktionieren. Es ist allzu menschlich, dann noch mehr Instrumente zu installieren in der Hoffnung, damit gut durch den Nebel zu gelangen. Da das Flugzeug eine Maschine ist und somit linear steuerbar, funktioniert das bei diesem Bild sogar. Ein stimmigerer Vergleich wäre der mit einer Nebelwanderung im Moor, zu der das gesamte Management aufgebrochen ist – ohne Landkarte und Navi. Wie kommt man als Team da wieder gut raus, wenn man nicht mehr weiß, wo man ist? Sicher indem man das ganze Wissen der Gruppe nutzbar macht, sich austauscht und unterstützt. Und das geht nur, wenn man eine gute Dialogfähigkeit etabliert hat und eine Kultur des wechselseitigen Vertrauens lebt. Es geht also um einen schrittweisen, iterativen Prozess, der Zwischenstufen zur Reflexion und Kalibrierung des Ziels beinhaltet. Unser Weltbild und unsere Ausbildung haben uns aber gelehrt, auf Unternehmen wie auf Maschinen zu schauen und die gleichen Prinzipien anzuwenden. Das folgende Zitat von Werner Gladen, Professor für Management an der Hochschule Ludwigshafen am Rhein, dokumentiert die mehrheitlich vorhandene Meinung im Management der Unternehmen.

>>*Ohne Formulierung von Zielen und deren Überwachung ist eine Steuerung der Unternehmensaktivitäten nicht denkbar.*<<
PROF. DR. RER. POL. WERNER GLADEN

Ein exemplarisches Beispiel für die Steuerungsillusion, die der Hierarchiepyramide innewohnt, ist der jährliche Budgetprozess. Fast jeder im Unternehmen weiß – und gibt auf der Hinterbühne auch zu –, dass das Unternehmen budgetär nicht so zu »beplanen« ist, wie es der Budgetprozess verlangt. Das Tool passt also nicht zum System. Aufgrund von fehlenden Alternativen und des bestehenden Kontrollbedürfnisses wird der Prozess trotzdem Jahr für Jahr durchgeführt – fast gleicht er einem ritualisierten Theaterstück. In dem ganzen Prozess ist nur eine Sache sicher: Man wird mit den Zahlen nicht dort landen, wo man plant zu landen. Denn alle Abteilungen kalkulieren mit zu hohen Ausgaben, weil sie wissen, dass ihnen nachher ohne Begründung viele Dinge gekürzt werden. Umgekehrt wissen die Vorgesetzten natürlich genau das, können aber die Höhe des »Zuviels« nicht abschätzen – die einzige Chance ist also die wahllose Kürzung. Ich finde diesen Prozess eines jeden vernünftig denkenden Menschen unwürdig, und er dokumentiert das Misstrauen, das herrscht, par excellence. Es liegt jedoch nicht an den Menschen, dass sie sich nicht vertrauen, sondern das Misstrauen erwächst aus dem Gefühl, dass das System nicht beherrsch- und kontrollierbar ist. Und dieses Gefühl führt zu Verunsicherung, die reflexartig mit mehr Kontrolle und Planung beantwortet wird. Die Paradoxie ist jedoch, dass dadurch nur noch mehr Verunsicherung entsteht, weil auch diese neuen Kontrollen und Planungen nicht dazu führen, dass das System vorhersagbar und steuerbar wird. Die Herausforderung, vor der die Unternehmen derzeit stehen, ist also wohl schlicht der Wechsel oder mindestens die deutliche und bewusste Modifizierung des bestehenden Betriebssystems.

Erfolge mit nichtlinearen Methoden

Erste Erfahrungen mit anderen Methoden wurden in verschiedenen Unternehmen bereits gemacht. Beispielsweise hat der IT-Bereich in den letzten Jahren mit einem linearen Vorgehen aus Zielplanung und Kontrolle derartig viele Millionen in den Sand gesetzt, dass man erfolgreich versuchte, zu verstehen, warum es dazu kam. Man hat dort genau das festgestellt, was ich bereits beschrieben habe: IT-Projekte sind nur näherungsweise planbar und der tatsächliche Weg ergibt sich erst bei der Durchführung des Projekts. Deshalb haben sich dort in den letzten Jahren nichtlineare Prozesse und Projektmanagement-methoden etabliert.

Hinter den Namen »Scrum« oder »Agile« verbergen sich im Kern immer Ansätze, die berücksichtigen, dass sich der Weg eben erst beim Gehen vollständig zeigt. Anstatt zu Projektbeginn ein unverrückbares Ziel, einen definierten Weg und ein festes Budget zu planen, gehen diese Methoden anders vor. Es wird zwar ein erstes Ziel definiert und auch ein ungefähres Budget festgelegt, jedoch ist allen Beteiligten klar, dass sich erst im Laufe des Projekts zeigen wird, ob und wie das Ziel zu modifizieren ist, um es bestmöglich zu erreichen. Und bei der Budgetierung zeigt sich, dass gerade durch das agile Verfahren viel öfter Projekte innerhalb des anvisierten finanziellen Rahmens abgeschlossen werden können, obwohl vorher Mut nötig war, um anzuerkennen, dass auch das exakte Budget sich erst während des Prozesses erschließt. An diesem Vorgehen können wir schon erkennen, was die wesentlichen Voraussetzungen für nichtlineare Vorgehensweisen sind: Mut und Vertrauen in die Fähigkeiten der Mitarbeiter. In klassischen Unternehmen mit ihrem gelernten Planungs- und Kontrollvorgehen wirkt das wie ein leichtsinniger Wahnsinn, wie ein Blindflug. Und tatsächlich ist es das auch, wenn Systeme so lange kontrolliert und vorangetrieben werden mussten und durch Misstrauen geprägt sind, denn die notwendige Eigenverantwortung, um selbstständig Entscheidungen zu treffen, ist nicht Teil des gelernten Verhaltens. Mit der Einführung des neuen Betriebssystems muss also auch ein Lernprozess des Unternehmens in Gang gesetzt werden, um das volle Potenzial, das Know-how, die Leidenschaft und den Geist aller Beteiligten zu vernetzen und gemeinsam zur Blüte zu bringen.

> **Die wesentlichen Voraussetzungen für nichtlineare Vorgehensweisen sind Mut und Vertrauen in die Fähigkeiten der Mitarbeiter.**

Es sind eine andere Kultur und eine andere Art der Zusammenarbeit, die gebraucht werden, wenn man nichtlinear vorgehen möchte. Zurückgehaltene Meinungen und sozial angepasstes Verhalten sind für diese Projekte das größte Risiko – leider sind sie in Hierarchien gang und gäbe. Möchte man diese andere Art der Zusammenarbeit entwickeln, braucht es zunächst ein Verständnis davon, was der Unterschied zwischen dem linearen Maschinenparadigma und dem nichtlinearen Organismusparadigma ist. Es muss die alte Brille abgesetzt werden, durch die man auf ein Unternehmen als Gebilde schaut, das verschiedene Bereiche, Abteilungen und Stellen über Organigramme und Prozesse miteinander verbindet, um ein Produkt hervorzubringen, mit dem Gewinn erwirtschaftet wird. Die neue Brille, die dann aufgesetzt wird, zeigt, dass ein Unternehmen eine Ansammlung von miteinander in Beziehung stehenden Menschen ist, die dann gemeinsam ein bestmögliches Ergebnis erzielen, wenn sie mit ihren Talenten und Potenzialen gesehen, gebraucht und gefördert werden. Wenn man durch diese neue Brille schaut, wird man die Strukturen und Prozesse so umbauen, dass sie den Menschen helfen, ihr Bestes zu geben. Bleibt man bei der alten Art der Zusammenarbeit, wird man die Menschen weiterhin zwingen, ihr iPhone mit Android zu betreiben. Im hinteren Teil des Buchs beschäftigen wir uns detailliert mit Unternehmen, Unternehmern und Führungskräften, die diese andere Brille aufgesetzt haben.

Achillesferse Teamarbeit

Es lohnt sich, an dieser Stelle einen Blick auf das Thema Teamarbeit zu werfen. Die komplexen Unternehmensstrukturen der heutigen Zeit machen es oft erforderlich, Teams zu bilden, um das oftmals fragmentierte Know-how zu koordinieren und zu bündeln. Fast jeder kennt dabei aus eigener Erfahrung den Unterschied zwischen gut funktionierenden Teams, die eher selten zu finden sind, und den anderen. Viele Mitarbeiter beklagen sich heute, wie immens viel ineffiziente Zeit sie in Abstimmungsrunden diverser Gruppen und Teams verbringen müssen. In der Praxis gelingt es leider nur sehr wenigen Gruppen, ihr Potenzial voll auszuschöpfen. Es kommt häufig zu suboptimalen Mehrheitsentscheidungen, die auf dem kleinsten gemeinsamen Nenner basieren. Und die Mitarbeit in solchen Gruppen wird von vielen Teilnehmern als belastend und als verschwendete Zeit betrachtet.

Perspektivwechsel: Teil III

Fortsetzung des Gesprächs mit Prof. Dr. Julian Kawohl

Welche erfolgversprechenden Wege für ein Unternehmen gibt es denn, um die »Kultur der inkrementellen Verbesserung« hinter sich zu lassen und eine »Kultur des digitalen Verstehens und der Umsetzung« zu entwickeln?

Es gibt dafür keinen Königsweg, aber ich nenne einige Ideen ohne Anspruch auf Vollständigkeit und Allwissen. Ich halte die Öffnung nach innen und außen für extrem wichtig, um digitale Transformation hinzubekommen. Es gilt zu verstehen, dass ein Unternehmen kein »Closed Shop« mehr ist. Das bedeutet, eine Kultur der Kooperation mit anderen Corporates, aber insbesondere auch mit kleineren Unternehmen und mit Start-ups zu entwickeln. Ein Beispiel der Öffnung nach außen ist Tesla, die ihre Patente komplett öffentlich machen, weil sie glauben, dass dadurch die gesamte Branche der Elektromobilität wächst, und sie davon mehr profitieren als durch ein »Closed Shop«-Verhalten. Die Öffnung nach innen bedeutet, Kreativität und Freiräume zuzulassen. Die kulturprägende Haltung dahinter ist: »Wir öffnen uns, weil nur dann eins plus eins eben doch mehr als zwei ergibt.« Nehmen wir Google als Beispiel, wo die Entwickler einen Tag pro Woche an ihren eigenen Projekten arbeiten. Und ich sehe in meiner Beratungstätigkeit immer mehr Unternehmen, die ähnliche Modelle für ausgewählte Mitarbeiter – dann häufig in Form von temporären »Innovation Contests« – einführen. Solche Kreativitätsfreiräume dienen dazu, Innovationen zuzulassen und ein Denken »out of the box« zu ermöglichen, das letztlich der Innovationskultur dient. Es entstehen auf diese Weise bei den Mitarbeitern und im Unternehmen Gedanken, wie neue Innovationen fernab von einer Verbesserung des bestehenden Produkts aussehen könnten.

Was passiert Ihrer Ansicht nach, wenn es die großen Unternehmen nicht schaffen, die beschriebene Haltung und die Prozesse zu verankern?

Es ist sinnvoll, zur Beantwortung dieser Frage in Zeiträumen zu denken. Kurzfristig passiert erst mal gar nichts, außer vielleicht, dass die großen Konzerne noch weniger gute Talente bekommen, die sie für diesen Wandel eigentlich brauchen. Mittel- bis langfristig kann es dann schon so sein, dass wir einfach mehr Kodaks dieser Welt haben werden. Also Unternehmen, die zwar die neue Technologie erkennen, die es aber nicht schaffen, sie umzusetzen, weil sie das bestehende Geschäft beschützen wollen. Es wird natürlich nicht nur Kodaks geben, und nicht alle etablierten Player werden vom Markt verschwinden. Aber es wird viel mehr neue Player geben und manche traditionelle Unternehmen werden verschwinden. Somit ist die Frage, die sich jede große Organisation heute stellen sollte: »Will ich zu denen gehören, die verschwinden, oder will ich eben zu denen gehören, die weiter mitspielen dürfen?« Es herrscht einfach sehr hoher Handlungsdruck.

Es existiert also ein Widerspruch im Unternehmen zwischen dem nachvollziehbaren Wunsch der Unternehmen nach bestmöglicher Bündelung des Know-hows und der Nutzung des Wissens von vielen, um das beste Vorgehen zu erreichen, und der erlebten Realität, die geprägt ist von Gruppen, die gemeinsam nicht in der Lage sind, Entscheidungen in adäquater Zeit zu treffen. Woran liegt das? Es sind im Wesentlichen zwei Einflussfaktoren, die es Teams schwer machen, sehr gute Ergebnisse zu erzielen. Zum einen werden in einem Gruppensetting oft Signale und Äußerungen anderer Mitglieder falsch interpretiert – das sorgt für Fehlinformationen oder falsche Reaktionen. Zum anderen ist es der soziale Druck in Gruppen, der verhindert, dass Know-how und Meinungen offen vorgetragen werden. Viele Menschen haben Angst, andere könnten ihre Position ablehnen. So verhalten sie sich aus Sorge vor möglicher Kritik wie das Fähnchen im Wind. Aus diesen beiden Einflussfaktoren erwachsen vier Probleme, auf die fast alle suboptimalen Entscheidungen in Gruppen zurückzuführen sind:

- Oft werden in Gruppen Irrtümer einzelner Mitglieder nicht offen angesprochen. Das resultiert häufig aus dem Respekt vor dem anderen oder aus der Angst, selbst zu irren. So können falsche Sachverhalte zu relevanten Informationen werden und Ergebnisse beeinflussen.
- Viele Menschen neigen dazu, die eigene Meinung zu revidieren und sich einer anderen im Prozess geäußerten Meinung anzuschließen. Diese Tatsache ist sehr schädlich für Pluralität und Meinungsvielfalt.
- Der Diskussionsstil einer Gruppe kann sich so auswirken, dass einzelne Gruppenmitglieder starr an ihren bisherigen Meinungen und Positionen festhalten. Eine wirkliche Beschäftigung mit den Inhalten ist dabei oft nicht möglich.
- Eine Gruppe kann sich aus Mutlosigkeit und Angst vor Gesichtsverlust nur auf Altbewährtes einigen und übersieht dabei wertvolle Informationen einzelner Gruppenmitglieder.

Was kann eine Führungskraft tun, um diese Mechanismen auszuhebeln und das Potenzial des Teams besser zu nutzen? Zunächst einmal muss ihr klar sein, dass tatsächlich nur sie etwas ändern kann, weil sie in einem hierarchischen System über die Macht verfügt, neue Regeln und Strukturen vorzugeben. Im Kern geht es dann aber darum, dass die Führungskraft durch ermutigende Worte und strukturelle Maßnahmen deutlich macht, dass gerade ein Einspruch, ein Widerspruch oder eine andere Sichtweise dem Team sehr nützen. Erfahrene Führungskräfte setzen dazu Techniken ein wie die Positionierung eines Stuhls im Raum für den »Advocatus Diaboli«, der von jedem Mitglied bedarfsweise oder ritualisiert zu einem festen Zeitpunkt eingenommen werden kann. Die Rolle des »Advocatus Diaboli« kann auch zu Beginn einer Teamsitzung fest an jeweils ein Mitglied vergeben werden, dessen Aufgabe es ist, bewusst Einsprüche, Widersprüche, Risiken und Probleme zu benennen.

Um dem unter Punkt zwei beschriebenen Verhalten entgegenzu-steuern, kann man vor Beginn einer Diskussion jedes Mitglied bitten, seine derzeitige Meinung zu einer bestimmten Fragestellung auf eine Karte zu schreiben und verdeckt unter den eigenen Stuhl oder die eigenen Notizen zu legen. Allein, dass sich Menschen in dieser Weise ihrer Position noch einmal bewusst werden und sie schriftlich für sich selbst niederlegen, führt dazu, dass sie sie in einer Diskussion wesent-lich vehementer vertreten und sich nicht so leicht der Mehrheitsmei-nung anschließen.

In manchen Unternehmen hat es sich auch bewährt, eine Team-sitzung nur der folgenden Frage zu widmen: »Was haben wir bisher übersehen und warum wird unser Vorgehen scheitern?« Und nicht zuletzt ist der Klassiker natürlich die Etablierung einer gesunden Feedback-Kultur, die beispielsweise dem unter Punkt drei beschrie-benen Verhalten entgegenwirkt und im Ernstfall ein Handlungsreper-toire aufzeigt. Das alles sind Mechanismen, die im Betriebssystem aus Hierarchie und Kontrolle die beschriebenen negativen Effekte, die zu schlechten Leistungen in Teams führen, überwinden können.

Symptome des falschen Betriebssystems

In den Unternehmen gibt es eine ganze Reihe von Tools und Vorge-hensweisen, die viel Kapazität binden, für Unmut sorgen und wahre Energiefresser sind. Ihr Nichtfunktionieren ist symptomatisch dafür, dass das lineare Betriebssystem »Planung & Kontrolle« nicht zu den tatsächlichen Anforderungen des Unternehmens passt. Viele sind mit guter Absicht implementiert worden – und sind teilweise schon zu anscheinend unverzichtbaren »Pflicht-Apps« geworden. Sie be-gegnen einem nie allein, sondern in fast jedem Unternehmen sind mehrere davon vorhanden. Es ist die sehr beschwerliche Aufgabe der Manager, die auf der Hinterbühne geäußerten Zweifel hinsichtlich dieser Vorgehensweisen zu überspielen. Eine Aufgabe, die viel Kraft kostet.

Will man etwas daran ändern, ist es wichtig zu verstehen, dass es nicht darum geht, jemanden für die Situation verantwortlich zu machen. Durch die sehr lange Überzeugung, dass Unternehmen offensichtlich nur mit dem Betriebssystem aus Hierarchie und Kontrolle geführt werden können, stellt sich für die allermeisten die Frage gar nicht, ob es auch anders gehen könnte. Meine Erfahrung ist, dass fast jeder Mitarbeiter und jede Führungskraft im vorgegebenen Rahmen versucht, möglichst gute Arbeit zu leisten. Aber man muss sehr kritisch prüfen, ob der Rahmen überhaupt der richtige ist. Wie ist es denn in Ihrem Unternehmen – und wie geht es Ihnen mit diesen »Apps«? Die folgende Abbildung zeigt die typischen Symptome des falschen Betriebssystems.

> **Fast jeder Mitarbeiter versucht im vorgegebenen Rahmen, möglichst gute Arbeit zu leisten. Aber stimmt der Rahmen?**

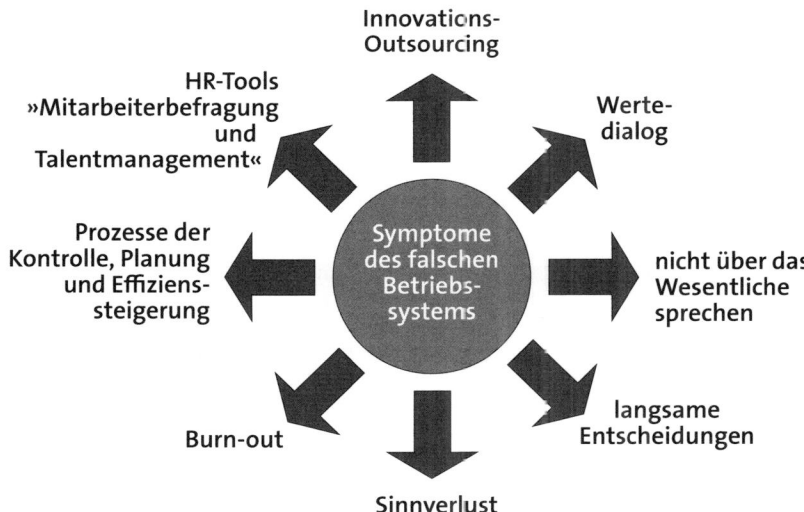

Innovations-Outsourcing

In den letzten beiden Jahren wurde zunehmend erkannt und auch in den Medien publiziert, dass in den traditionellen Unternehmen »die Rate der tatsächlichen Innovationen« sinkt. Die Aufgabe, die dort oft mit Brillanz erfüllt wird, ist die der Verbesserung. Man rühmt sich oft zurecht der »operativen Exzellenz«. Gleichzeitig entstehen in allen Branchen neue Start-ups, die ganze Geschäftsbereiche umkrempeln. Und jüngere Unternehmen, wie zum Beispiel Alphabet (vormals Google), wagen sich in die Stammmärkte anderer Unternehmen hinein, wie das Beispiel »Google Car« exemplarisch zeigt. Das führt naturgemäß zu Nervosität in den traditionellen Unternehmen. Die Frage, wie man selbst teilhaben kann an dem Potenzial der Innovationen, beschäftigt die Unternehmen sehr.

Um Innovationen hervorzubringen, muss es erlaubt sein, das Bestehende infrage zu stellen. Dazu gehört einerseits Mut, andererseits Kreativität. In den meisten großen Konzernen ist es tabuisiert, am Istzustand zu rütteln, weil es viele Menschen gibt, die sich davon persönlich oder finanziell bedroht sehen und die deshalb Widerstände aufbauen, um die neuen Ideen zu verhindern. Ein Beispiel, das bereits kurz im vorderen Teil des Buchs Erwähnung gefunden hat: Daimler hat in den letzten Jahren sehr erfolgreich sein Carsharing-Konzept in vielen europäischen Städten etabliert. Es handelt sich um ein für den Kunden über Smartphone gesteuertes Mobilitätskonzept, bei dem in einer Stadt an vielen Stellen Smarts geparkt sind, die für kurze und lange Fahrten gemietet und danach wieder an verschiedenen Stellen abgestellt werden können. Um dieses System zu entwickeln, musste Daimler seine erfolgsbegründende Maxime von der individuellen Mobilität eines jeden Menschen infrage stellen. Die Entwickler behaupteten plötzlich, dass in großen Städten immer weniger Menschen ein eigenes Auto haben wollten und der Trend zum Ausleihen eines Autos gehe. Das ist für die alte Daimler-Organisation existenzgefährdend. Das »Car2Go«-System wurde deshalb bewusst sowohl räumlich als auch juristisch außerhalb von Daimler gegründet, um nicht die Beharrungskräfte und Widerstände der alten Organisation von vornherein als Gegenspieler zu haben.

Man sieht daran deutlich, wie die Verteidigung des Status quo, der mit Macht- und Bedeutungserhalt in den alten Organisationen verbunden ist, dazu führt, dass Unternehmen innerlich »veralten«. Ich behaupte, dass die Lösung, Innovationen auszugründen, dazu führt, dass die kreativen Menschen das Stammunternehmen verlassen, und dieses ausblutet. Der verbleibende Rest an Mitarbeitern ist gleich einer Monokultur reduziert auf »Commodities«, die wesentlich weniger Spannung bringen als eine Kultur, die beides kann: Innovationen und operative Exzellenz. Viele dieser verbleibenden Mitarbeiter werden aus äußeren oder inneren Zwängen im Unternehmen bleiben. Wie lange werden diese Unternehmen das überleben? Ich behaupte: nur solange ihre »Commodities« in fast gleicher Weise gebraucht werden. Und deshalb halte ich das Symptom »Innovations-Outsourcing« für sehr gefährlich.

Das Ziel müsste vielmehr sein, die Unternehmen wieder fähig zu machen, aus sich heraus Innovationen hervorzubringen. Eine Firma, der das gelungen ist, ist Samsung. Das Unternehmen war noch vor einigen Jahren ein herkömmlicher Anbieter von nicht besonders attraktiver Handy-Technologie im niedrigeren Preissegment mit einigen Marktanteilen, aber weit abgeschlagen hinter den damaligen Marktführern Apple und Nokia. Das Management von Samsung hatte aber erkannt, wie wichtig vernetzte und mobile Kommunikationstechnologie in Zukunft werden wird – und musste feststellen, dass es selbst nicht die Kultur und die Prozesse besitzt, in diesem Segment Marktführer zu werden. Und zwar deshalb, weil man bislang nur in der Lage war, operative Exzellenz zu produzieren, nicht aber Innovation. Man entschied sich deshalb, einen Chief Innovation Officer einzusetzen, der ein Netzwerk an (momentan) rund 1000 Innovationsmitarbeitern über das ganze Unternehmen hinweg steuert. Das Netzwerk unterliegt völlig anderen Logiken als die anderen Bereiche. Im Innovationsnetzwerk sind Techniken und Werte wie »Rapid Prototyping«, »Trial and Error«, »Freiheit zu forschen und infrage zu stellen«, basierend auf nichtlinearem Vorgehen, etabliert. Nur durch die Schaffung dieser Kultur ist es Samsung möglich geworden, neben Apple der wichtigste Player weltweit im Bereich mobiler Kommunikation zu werden.

Wertedialog

Die Kultur eines Unternehmens ist ein Abbild der gelebten Werte, denen das Unternehmen folgt, und entsteht durch das Verhalten aller Mitarbeiter und durch den Umgang miteinander. Ein untrügliches Maß dafür, wie ernsthaft ein Unternehmen tatsächlich nach seinen Werten lebt, ist die Menge an vorhandenen Devotionalien, die Werte optisch verankern sollen. Das können Plakate sein, die in den Fluren und Räumen hängen, Screensaver oder Notizpapierwürfel, Kugelschreiber oder Kalender für die Schreibtische. Oft ist es die Fülle solcher Gegenstände, die darauf hinweist, dass das Unternehmen eben gerade nicht nach den ausgestellten Werten lebt. Die rein optische Verankerung der Werte ist dabei ein Akt der Unsicherheit von Arbeitsgruppen, die sich im Auftrag des Topmanagements mit Werten beschäftigen sollen, aber selbst keinen Einfluss auf die tatsächlichen Hebel haben.

Die Kultur in einer pyramidalen Hierarchie wird von zwei Dingen beeinflusst: vom Verhalten der (formell und informell) Mächtigsten und von den etablierten Prozessen. Am Verhalten der Führungskräfte lesen Mitarbeiter ab, was im Unternehmen erwünscht ist – und passen sich dem an. Gleichzeitig gibt es Strukturen und Prozesse, die von den Führungskräften geschaffen und getragen werden und die ebenfalls starken kulturprägenden Einfluss haben. Dieses Wissen scheint nicht ausreichend bekannt zu sein, denn sehr oft finden »Kulturprojekte« losgelöst vom großen Ganzen statt. Diese Teilprojekte sind dann oft energieleer, ihnen fehlt der Sinn, und die Teilnehmer stellen sich schnell die Frage nach der Wirksamkeit.

Das ist sehr berechtigt, denn die Kultur verbessert man am besten, indem man die Art und Weise ändert, wie Themen bearbeitet werden. Möchte man beispielsweise die Eigenverantwortung stärken, dann sollte man ein anstehendes Umstrukturierungsprojekt einer Fertigungslinie in die Hände der operativen Mitarbeiter legen, sie Vorschläge entwickeln lassen und darüber mit ihnen in eine Diskussion auf Augenhöhe einsteigen. Unternehmen wählen oft lieber das andere Vorgehen und separieren die Kultur von den Inhalten. Und dann wird beispielsweise im Rahmen von Kulturcafés über Eigenverantwortung diskutiert und die Führungskräfte erklären, was sie darunter verstehen, und appellieren, sie zu leben. Gleichzeitig wird in einem anderen Teilprojekt eine neue Struktur top-down entwickelt und den Mitarbeitern zur Implementierung vorgegeben. Die Mitarbeiter nehmen sehr zu Recht den Widerspruch wahr, zwar eigenverantwortlich handeln zu sollen, obwohl gleichzeitig von oben ohne Einbindung ihres Wissens Veränderungen initiiert werden. Ein solches Vorgehen wird als Abwertung der Mitarbeiter und als Vertrauensbruch wahrgenommen. Wenn man Eigenverantwortung hätte stärken wollen, hätte man den Mitarbeitern die Aufgabe geben müssen, die neue Struktur zu erarbeiten. Man kann hier niemandem einen Vorwurf machen, und ein richtiges Vorgehen gibt es leider in den Unternehmen mit dem linearen Planungs- und Kontrollbetriebssystem nicht. Denn die pyramidale Hierarchie mit ihren Kontroll-und Abstimmungsschleifen etabliert kulturell immer Misstrauen und zentralisiert die Verantwortung bei Wenigen. Außerdem steht sie für die Macht weniger über viele. Insofern sind jegliche Kulturbemühungen in dieser Struktur ohne grundsätzlichen Wechsel des Betriebssystems nicht sehr nachhaltig, da die Struktur gegen eine Kultur der Eigenverantwortung arbeitet – wie zwei Tauziehende an entgegengesetzten Enden eines Taus.

Nicht über das Wesentliche sprechen

Kennen Sie diese Meeting-Marathons, bei denen alle auf vorbereitete, vorabgestimmte PowerPoint-Folien schauen? Ich bin der Meinung, dass durch diese Form von Meetings wirklicher menschlicher Kontakt, Neugier, Nachfragen, Anregungen, Diskussionen und gemeinsame Reflexion verhindert werden und dass das einen sehr negativen Effekt auf Unternehmen hat. Aber auch andere Arten, Informationen aufzubereiten, sei es als Balanced Scorecards oder mithilfe von Ampelsystemen, haben dazu geführt, dass man nicht mehr über die eigentlichen, großen Herausforderungen miteinander spricht und über Lösungen gemeinsam nachdenkt.

Ich erinnere mich noch gut an meine eigene Zeit in einem Großkonzern, dort gab es die ungeschriebene, aber von den meisten befolgte

Regel, dass man nur zum Vorstand ging, wenn man eine gut aufbereitete PowerPoint-Präsentation mitbrachte. Ungefähr 90 Prozent unserer Zeit in der Strategieabteilung verbrachten wir damit, solche Dokumente zu erstellen und wieder zu ändern. Es entsteht eine unglaubliche Informationsfragmentierung, Vor- und Nachbereitungsineffizienz und Entscheidungssozialisierung durch dieses Vorgehen. Der ehemalige Aldi-Geschäftsführer Dieter Brandes beschreibt in seinem Buch »Einfach managen« plakativ, wie ein Konsortium ihn nach zwei Jahren Strategieplanung und 1,5 Millionen Beraterkosten um Rat fragte, wie in der Türkei ein Aldi-Konzept umgesetzt werden könnte. Was tat Dieter Brandes mit seiner Mischung aus gesundem Menschenverstand und Pragmatismus? Er gab zwei türkischen Hausfrauen eine Summe in Höhe der durchschnittlichen Wochenausgaben einer Familie in die Hand und schickte sie in einen Supermarkt. Die beiden vollen Einkaufswagen leerte er in einem Raum auf den Boden und sortierte sie nach Warengruppen. Bei 300 Produkten machte er Stopp, um nicht zu komplex zu werden. In den Raum stellte er dann Ikea-Regale und simulierte einen Weg durch den Supermarkt. Er füllte die Regale mit den 300 Produkten – und fertig war der türkische Aldi. Brandes ist der Meinung, dass Präsentationen, die mehr als zehn PowerPoint-Folien umfassen, lediglich ein Zeichen für Angst vor Entscheidungen sind.

Zahllose PowerPoint-Folien versperren den Blick auf das Wesentliche.

Die große Frage in den Konzernen heute ist doch: Dienen die Systeme wirklich uns und unserer effizienten Beratungs-, Gesprächs-, Innovations- und Entscheidungskultur – oder dienen wir schon den Systemen? Unsere althergebrachte Vorgehensweise mündet oft darin, dass es zu einer Kommunikationslücke, einer Art kommunikativem Strömungsabriss zwischen der mittleren und der obersten Führungsebene kommt. Durch die fragmentierte Darstellung aller Fakten in Ampelsystemen, PowerPoint-Folien und Ähnlichem in diversen Meetings wird oft der Blick auf die Unternehmenssituation als Ganzes versperrt.

Wer hat noch den Mut, sein Topmanagement damit zu konfrontieren, dass »insgesamt etwas falsch läuft« und man ein »ungutes Gefühl«

hat? Die Reaktion ist nachvollziehbar, aber dramatisch: »In welchem KPI-System kann ich das nachlesen?« Und somit bleibt die intuitive, ganzheitliche Seite des Menschen, bei der verschiedene Erfahrungen und Indikatoren einen Gesamteindruck ergeben, ungenutzt. All das wird sich in keinem Ampelsystem und in keiner verständlichen PowerPoint-Präsentation dieser Welt darstellen lassen. Aber die Zusammenhänge sind den Mitarbeitern sehr wohl bewusst, das Know-how über das, was im internen und externen Umfeld des Unternehmens los ist, ist sehr wohl vorhanden. Diese Informationen müssen wieder Teil der unternehmensinternen Gespräche werden und für notwendige Veränderungen genutzt werden.

Langsame Entscheidungen

Unternehmen mit dem alten Betriebssystem neigen zur Sozialisierung von Entscheidungen in Teams und zur fehlenden persönlichen Verantwortungsübernahme. Warum soll ein Einzelner sich in diesen Systemen exponieren? Es ist für die meisten viel besser, nicht durch etwaige Fehlentscheidungen aufzufallen – das System nimmt Menschen ohne Misserfolge, aber auch ohne sichtbare Erfolge als erfolgreicher wahr als solche, die zwar Erfolge verzeichnen, aber auch Misserfolge hatten. Entscheidungsmut wird so tendenziell bestraft.

Damit ist es auch für Führungskräfte risikoärmer, Entscheidungen in Teams zu verlagern. Um im Team zu einer gemeinsamen Entscheidung zu kommen, sind aber aufgrund der Meinungspluralität und der Einbindung vieler erhebliche Abstimmungsrunden nötig. Nicht zu vernachlässigen sind auch die bereits erwähnten Hemmnisse für offene Meinungsäußerungen und die Tendenz von Teams, sich nicht für die beste Variante zu entscheiden, sondern für die »sozial angenehmste«. Organisationen, die ein vertrauensbasiertes, organisches Betriebssystem etabliert haben, entscheiden sehr schnell, indem sie den – später noch detailliert beschriebenen – Beratungsprozess nutzen, der die Entscheidung selbst immer bei einer Einzelperson belässt.

Sinnverlust

Im Kern einer Unternehmensgründung liegt eine Idee, die für die Menschen etwas verbessern will. Das ist der innere Antrieb des Gründers gewesen, durch den er dem Unternehmen einen Sinn gab. Den sucht er ebenso, wie es seine späteren Mitarbeiter tun, denn auch sie wollen mit ihrem Tun zu etwas Sinnvollem beitragen. Der Beruf nimmt in unserer entwickelten Gesellschaft einen hohen Stellenwert ein, und viele haben sich längst über das Stadium hinaus bewegt, bei dem der Beruf der reinen Existenzsicherung dient. Gerade gut ausgebildete Wissensarbeiter und »High Potentials« können sich ihren Arbeitgeber aussuchen. Sie suchen nach einem Unternehmen, mit dem sie in eine Sinnkongruenz gehen können.

Leider ist in sehr vielen Unternehmen heute an die Stelle des unternehmerischen Sinns der Anfangszeit die Kapitalmehrung getreten. Die Unternehmen messen nicht, wie viele Menschen monatlich oder jährlich in welcher Weise von den Produkten profitiert oder wo neue Produkte eine Verbesserung bewirkt haben. Solche Werte wären eine direkte Rückbestätigung der Sinnhaftigkeit des Handelns und ein weiterer Ansporn für die Mitarbeiter, gut zu arbeiten. Nein, sie messen Output, Kosten, Produktionszeit und so weiter. Das eigentliche unternehmerische Ziel, für andere Menschen Produkte zur Verfügung zu stellen, die ihnen nützen, ist in den Hintergrund getreten. Wenn aber ein Unternehmen den eigentlichen Sinn als Nebensache behandelt und die Produktions- und Gewinnzahlen des Jahres als Hauptsache, erwarten die Mitarbeiter vom Unternehmen auch nur noch Geld als Gegenleistung für ihre Arbeit – und nicht mehr einen sinnvollen Arbeitsplatz, Teilhabe und Weiterentwicklung. Entsprechend sinkt die Motivation der Mitarbeiter.

Das Unternehmen selbst gibt also mit seinem Handeln vor, welchen Raum die Mitarbeiter haben, um sich ganz oder nur teilweise einzubringen. Und in sehr vielen Fällen reduziert es die intrinsische Motivation auf den Faktor »Existenzsicherung«. Aber die Sinnsuche bleibt in vielen Mitarbeitern erhalten – und wenn es die persönlichen Rahmenbedingungen zulassen, verlassen diese Mitarbeiter die Unter-

nehmen. Start-ups sind übrigens auch deshalb so beliebt, weil sie begriffen haben, dass der Mensch jenseits der Existenzsicherung weitere
Bedürfnisse hat, die mit der Arbeit befriedigt sein wollen. Sinnkongruenz, aber auch Raum für persönliches Wachstum und kreativer
Gestaltungsspielraum gehören dazu.

Burn-out

Ein Symptom, das zeigt, wie überfordert die Unternehmen derzeit
damit sind, ihre Mitarbeiter adäquat zu behandeln, ist die Art, wie
mit dem Thema Burn-out umgegangen wird. Das Kernziel des traditionellen Unternehmens heute ist es vor allem, eine hohe Rendite
zu erzielen, indem gute Produkte effizient produziert und verkauft
werden. Dazu werden stetig Effizienzsteigerungsprogramme durchgeführt, die die Arbeit verdichten. Das ist vordergründig im Sinne des
Unternehmens, denn es spart Kosten. Die Reaktion der Mitarbeiter
auf diese stetige Druckerhöhung, Arbeitsverdichtung bei gleichzeitigem Sinnverlust und einer gewissen Handlungsohnmacht ist oft ein
Burn-out, auch Erschöpfungsdepression genannt.

Im klassischen Betriebssystem mit ›Planung und
Kontrolle« kann das Unternehmen gar nicht anders, als die Verantwortung für die Burn-out-Pro-
phylaxe an die Mitarbeiter zu delegieren. Würde
man die Verantwortung übernehmen, indem
man beispielsweise auch bei Führungskräften
auf die Einhaltung einer Höchstarbeitszeit achten
würde, wären die Effizienzziele gefährdet. Insofern bleibt es bei der Appellebene, Vorträgen dazu
und der Ermahnung, auf sich zu achten, während die
Mitarbeiter im Kollektiv der Kollegen es oft nicht wagen, sich
persönlich zu schützen, denn »die Arbeit muss ja gemacht werden«.

> **Es herrscht große Angst, dass die Einhaltung einer Höchstarbeitszeit die Effizienzziele gefährden würde.**

Prozesse der Kontrolle, Planung und Effizienzsteigerung

Glaubt man in Ihrem Unternehmen an die Notwendigkeit und an die Machbarkeit, die Zukunft in Zahlen vorhersagen zu können? Und vertraut man bei diesem Vorgehen wenigstens den Zahlen, die die Mitarbeiter liefern? Weiter vorn im Buch habe ich diese Steuerungsillusionen und das dahinterliegende lineare Paradigma schon ausführlich beschrieben. Doch neben den Prozessen der Planung und Kontrolle gibt es auch noch die fatalen Effizienzsteigerungsprojekte. Sie werden initiiert, weil das Management den Mitarbeitern nicht zutraut, dass sie das übergreifend Beste für das Unternehmen herausholen möchten oder können. An beidem kann man berechtigterweise zweifeln, denn in einem Unternehmen, in dem übergreifendes Denken als Misstrauen anderen Bereichen gegenüber aufgefasst wird, liegt es also zunächst am Nichtkönnen der Mitarbeiter. Aber wenn Mitarbeiter die Erfahrung machen, dass sie es wiederholt nicht können, wollen sie es auch irgendwann nicht mehr. Insofern beschränkt sich erfahrungsgemäß das Denken und Handeln in der klassischen Hierarchie auf den eigenen Bereich.

Der berühmte Blick über den Tellerrand wird zwar immer wieder heftig eingefordert. Aber durch die Identifikation der Mitarbeiter mit ihrer Stelle und ihrer Rolle mehr als mit dem gesamten Unternehmen wird Fremdeinmischung nicht als Unterstützung in der Sache, sondern als Kritik an der eigenen Person aufgefasst. Und da fast jeder Mensch ein Harmoniebedürfnis hat, vermeidet man das in der Regel, denn es führt zu unschönen emotionalen Erfahrungen. Bereichsübergreifende Unterstützung lässt sich in diesen Strukturen nur in Laborsituationen einrichten, wie beispielsweise bei Workshops oder Großgruppenveranstaltungen, in denen Mitarbeiter miteinander an schwierigen Themen arbeiten. Durch die explizite Aufforderung und das Setting wird das Einmischen dann nicht als Übergriff, sondern als Unterstützung empfunden. Solche Erfahrungen werden von den Mitarbeitern als sehr lohnenswert empfunden, denn man trifft sich in einem gemeinsamen Geist der Lösungsorientierung und Innovation – querdenken ist explizit erlaubt. Durch die Arbeit an einer gemeinsamen Sache entsteht dabei auch menschliche Nähe, was viele

Mitarbeiter enorm schätzen, weil das anders ist als im normalen Unternehmensalltag.

Das bedeutet, dass viel übergreifendes und innovatives Potenzial auf der Strecke bleibt. Deshalb sind ganze Unternehmensberatungen entstanden, deren Geschäftsmodell es ist, das Potenzial zum Abspecken aufzudecken. Der Wachstumszwang des Kapitalismus erwartet stetig steigende Effizienz. Ein Nein der Mitarbeiter wird nicht akzeptiert, und so verdichtet sich die Arbeit der Menschen immer mehr. Das ihnen entgegengebrachte Misstrauen und die Ansicht, dass ihr Nein nicht berechtigt sei, demotiviert zusätzlich und die Leistung wird dadurch schlechter. Die Effizienz sinkt weiter – also muss ein Effizienzprogramm her. Der im Kapitel »Grenzen des heutigen Führungskonzepts« beschriebene Teufelskreis dreht sich so immer schneller. Zusätzlich gibt es auch Optimierungsprojekte in einzelnen Bereichen, bei denen streng nach den Regeln des Systems auch wenig über den Tellerrand geschaut wird, bevor etwa eine neue Software für Personalprozesse eingeführt wird. Solche Softwaresysteme verlangen, dass die Fachabteilung selbst die Datenbanken und Prozessschritte pflegt. Das bedeutet, es entsteht in der Fachabteilung Mehrarbeit, die aber nicht in die Stellenbeschreibung des Bereichs mitaufgenommen wird, in dem sie künftig anfällt, also »undokumentierte Mehrarbeit« ist.

HR-Tools »Mitarbeiterbefragung und Talentmanagement«

In vielen Konzernen überlegt man nach Mitarbeiterbefragungen: Was machen wir denn jetzt mit den Ergebnissen? Häufig werden dann Workshops angeboten, die das Ziel haben, zwischen den Mitarbeitern und der Führungskraft einen Dialog über die Ergebnisse und die Entwicklung möglicher Verbesserungen zu starten. Leider ist jedoch das Ergebnis häufig dieses: Im Workshop geht man auf einzelne Fragen ein, die besonders negative Bewertungen erhalten haben, und hofft, dass die Mitarbeiter sich dazu äußern.

Meist kommt nicht viel bei diesem Vorgehen heraus, denn die Mitarbeiterbefragungen arbeiten mit standardisierten Fragen, und man hofft, dass die Antworten ein Bild der Stimmung und Zufriedenheit im Unternehmen zeigen. Leider ist das aber meist ein Blindflug, denn die Gründe, weshalb Unzufriedenheit entsteht, sind oft viel tiefliegender und komplexer, als es Fragen wie »Wird Ihnen Büromaterial pünktlich zur Verfügung gestellt?« erfassen könnten. Trotzdem schaffen es Mitarbeiter, ihre Gesamteinschätzung in die Antworten zu legen, sodass der »Gesamtnote« meist vertraut werden kann. Die Einzelfragen zu den Ursachen aber leiten völlig in die Irre. Eine Nutzung der Ergebnisse als Diagnose schlägt deshalb immer fehl – und es ist unseriös von den Anbietern zu behaupten, das sei möglich.

Somit ist die Mitarbeiterbefragung einfach nur ein Kontrollinstrument, aber sie hat keinen organisations- oder personalentwicklerischen Nutzen. Aus diesem Grund werden Mitarbeiterbefragungen auch nur noch von Führungskräften ernst genommen, aber nicht mehr von den Mitarbeitern, die spüren, dass sich durch die Befragung und die Art der Nachbearbeitung nichts ändert. Firmen nutzen die Befragung bei guten Ergebnissen auch gerne als Employer-Branding-Tool, um neue Mitarbeiter anzuwerben. Aber auch hier sind die Befragungen zunehmend überflüssig, seit es Bewertungsportale im Internet wie www.kununu.de gibt, in denen Unternehmen von Mitarbeitern sehr detailliert bewertet werden. Die Ursachen von Mitarbeiterunzufriedenheit müsste man viel mehr mit offenen Fragen wie »Was macht Sie unzufrieden?« erheben. Hierfür gibt es am Markt eine Methode, die von Prof. Peter Kruse entwickelt wurde und von seiner Firma Nextpractice angeboten wird.

Ein ähnliches Problem gibt es mit dem Talentmanagement. Die tatsächlich für das Weiterkommen und die Entwicklung von Mitarbeitern wirksame Struktur in einem Unternehmen ist nicht das pyramidale Organigramm, sondern es ist das Geflecht sozialer Beziehungen. Talentmanagement ist oft der Versuch, auf der Vorderbühne des Unternehmens einen transparenten Prozess zu schaffen, sodass Beförderungen und Entwicklungen in der Hierarchie nachvollziehbar werden. Ich habe allerdings noch kein Unternehmen kennengelernt, in dem Talentmanagement tatsächlich der einzige Weg ist, um weiterzukommen. In den meisten Unternehmen ist es mehr die Fähigkeit, gute Beziehungen zu haben und zu pflegen und bei relevanten Stakeholdern einen guten Eindruck zu hinterlassen, die einen weiterbringt. Führungskräfte, die eine freie Stelle haben, sprechen dann auf der Hinterbühne die Menschen an, die sie für geeignet halten. Die Aufgabe des Personalbereichs ist es dann, den Bewerbungs- und Entscheidungsprozess so aussehen zu lassen, als sei er transparent und gemäß »Talentmanagement« abgelaufen. Leider ist es aber so, dass die meisten im Unternehmen wissen, dass es neben der Talentmanagementmöglichkeit eben auch die Hinterbühne der Beförderung gibt. Und durch die Behauptung, das Talentmanagement sei der einzige Beförderungsweg, implementiert man als unerwünschten Nebeneffekt auf der Werteebene »fehlende Glaubwürdigkeit«. Das wiederum fördert berechtigterweise das Misstrauen der Mitarbeiter in die Führungskräfte. Und so wirkt dann ein gut gemeintes System, das für Offenheit und Nachvollziehbarkeit sorgen soll, exakt in die Gegenrichtung, weil so getan wird, als sei das Unternehmen ein lineares, rationales System, welches im Organigramm abgebildet ist. Der Realität, dass das Unternehmen ein nichtlineares Beziehungsgeflecht aus emotional und sachlich miteinander verbundenen Menschen ist, wird nicht Rechnung getragen. Man könnte sagen, die App »Talentmanagement« passt zwar zum Betriebssystem »Planung und Kontrolle«, aber das passt ja gar nicht zum darunterliegenden tatsächlichen, sozialen Beziehungssystem.

Prägung prägt

Ob sich ein Unternehmen weiterentwickelt und den Herausforderungen der Zeit adäquat begegnen kann, hängt hochgradig von der Persönlichkeitsstruktur der Führungskräfte in Schlüsselpositionen – vor allem im Topmanagement – ab. Die individuelle Persönlichkeit einer Führungskraft hat einen sehr hohen Einfluss auf die Entwicklung des von ihr geführten Bereichs.

Machen wir einen kleinen Exkurs in die Schule. Genau wie eine Führungskraft steht auch ein Lehrer vor der Herausforderung, Individuen und Gruppen zu guten Ergebnissen zu führen. Damit hat er in den Belangen der Menschenführung und -entwicklung sehr ähnliche Aufgaben wie eine Führungskraft. Was unterscheidet aber einen guten Lehrer von einem weniger guten? Im Jahr 2012 hat der australische Professor John Hattie eine bahnbrechende Meta-Studie veröffentlicht, die 250 Millionen Schülerbefragungen und -beobachtungen zusammenfasst und auswertet. Die Studie beschäftigt sich mit der Frage, welche Faktoren den größten Einfluss auf erfolgreiches Lernen und gute Ergebnisse haben. Mit großem Abstand landete die Persönlichkeit des Lehrers dabei auf Platz eins. Jeder, mit dem ich über diese Studie spreche, zeigt sich wenig erstaunt und bestätigt Hatties Ergebnisse als Teil der eigenen Erfahrungswelt. Der ideale Lehrer, wie sich in der Hattie-Studie zeigt, versteht sich als aktiver Gestalter und Regisseur, der seine Klasse im Griff und jeden einzelnen Schüler stets im Blick hat. Dabei verfügt er über ein breites Handlungsrepertoire, das von autoritärer Grenzziehung über Humor bis zur Reflexion und Selbstreflexion reicht. Man spürt, dass sein Thema ihn selbst begeistert und nachhaltig interessiert. Und er holt sich regelmäßig Feedback seiner Schüler, weil er sich darüber bewusst ist, dass die Leistung seiner Schüler vor allem von seinen Fähigkeiten abhängt. In dieser Einschätzung unterscheidet sich der sehr gute Lehrer von seinen weniger erfolgreichen Kollegen. Hattie hat herausgefunden, dass die meisten Lehrer die Ergebnisse ihrer Schüler auf deren Elternhaus, deren Fleiß und deren Intelligenz zurückführen. Ganz anders die erfolgreichen Lehrer: Sie definieren eben gerade sich selbst als Einflussfaktor auf die Ergebnisse ihrer Schüler und können durch systematisch eingeholte Rückmeldungen ihr Vorgehen in einem eigenen Lernprozess zu besseren Ergebnissen hin modifizieren.

> **Führungskräfte stehen vor ähnlichen Herausforderungen wie Lehrer: Sie müssen Menschen zu guten Ergebnissen bringen.**

Wieso sind manche Menschen in der Lage, ihr Handeln mehr in den Dienst einer Gemeinschaft zu stellen, während andere ihr Handeln nur nach der persönlichen Nutzenmaximierung auszurichten scheinen? Der Freud-Schüler Alfred Adler beschreibt in seinem Buch

»Menschenkenntnis«, dass jeder Mensch einen Selbstzweifel in sich trägt. Die natürlichen Verhaltensweisen sind in der Kindheit zunächst fast immer eine sinnvolle Strategie, damit umzugehen. Dabei entstehen Handlungsmuster, die dem Zweck dienen, diesen Selbstzweifel möglichst nicht zu spüren, weil das unangenehme Gefühle auslöst. Um also diese empfundene Minderwertigkeit zu ignorieren, werden bereits in der Kindheit passende Verhaltensweisen entwickelt. Die Summe dieser erlernten Verhaltensweisen, die auf Kompensation und Nichtspüren aus sind, steuert dann aber auch oft noch unser Verhalten als Erwachsene. Es handelt sich dabei um Abwehrmechanismen, bei denen schmerzhafte Begegnungen oder Diskussionen vermieden (»Flucht«) oder mit dem Ziel zu siegen (»Kampf«) geführt werden. Eine andere Verhaltensweise, die der Kompensation des Minderwertigkeitsgefühls dient, ist die Anhäufung von Statussymbolen oder die Erreichung einer einflussreichen Position. Ist diese Prägung einem Menschen nicht bewusst, so handelt er rein intuitiv oft aus seinen Ängsten heraus. Dabei geht es ihm darum, ein Umfeld zu gestalten, was dabei hilft, den schmerzhaften Kontakt mit dem eigenen Minderwertigkeitsgefühl und dem Gefühl des Nichtgenügens zu vermeiden.

Andere Menschen wiederum erwerben im Laufe des Lebens die Fähigkeit zur Selbstreflexion und entwickeln sich dadurch weiter. Um diesen Schritt zu gehen, braucht man Mut, sich zu hinterfragen, auch andere zu fragen und die etwaigen kritischen Antworten zu hören, die das eigene Selbstwertgefühl tangieren könnten. Eine Führungskraft, die in der Lage ist, ihre eigene Handlungsmotivation zu erkennen und präferierte Entscheidungsmuster daraufhin zu überprüfen, ob sie vor allem dem eigenen Wohle dienen oder aber dem großen Ganzen, erweitert ihren Handlungsspielraum. Sie ist in der Lage, abzuwägen und verstärkt – je nach persönlicher Reife – Entscheidungen zu treffen, die primär dem Wohle des Ganzen dienen. Ich erlebe solche Führungskräfte viel mehr als »Dienende« der Mitarbeiter und des Unternehmens, während andere sich der Organisation bedienen, um die eigenen Bedürfnisse zu befriedigen.

Und so ist es auch zu erklären, dass Selbstreflexion und die Möglichkeit, das Wohl aller im Auge zu behalten, die individuellen Fähigkeiten sind, die Veränderungen und Entwicklung ermöglichen. Es ist genau dieser Zusammenhang, der erklärt, warum Persönlichkeitsentwicklung für Führungskräfte wichtiger ist als das Erlernen von Führungstechniken.

Perspektivwechsel: Teil IV

Fortsetzung des Gesprächs mit Prof. Dr. Julian Kawohl

Welche Rolle hat das Topmanagement Ihrer Ansicht nach bei den aktuellen Wandlungsprozessen?

Kulturänderung oder Kulturprägung funktioniert immer nur von oben, solange wir hierarchische Organisationen in der klassischen Pyramidenform haben. Deshalb gelingt eine Transformation nur, wenn man sie zum Nummer-eins-Thema im Vorstand und im Unternehmen macht. Wichtig ist dafür zunächst einmal ein CEO, der es ernst meint und auch langfristig durchhalten kann. Es ist ein mühsamer Weg, und diese Bereitschaft, ihn zu gehen, muss von oben über das Commitment, das Vorleben in die Organisation gebracht werden. Außerdem braucht es Formate und Prozesse, Test-and-learn-Freiheit zuzulassen und eine Fehlerkultur zu entwickeln. In diesem Punkt kann man sich tatsächlich sehr konkret das Vorgehen ansehen, das man aus der Start-up-Szene kennt. Gerade in den Abteilungen, die an den Schalthebeln der Veränderung sitzen, braucht es diese Kultur. Und es ist wichtig, verstärkt Talente einzustellen, die dieses kreative Denken mitbringen, die vielleicht auch diesen disruptiven und entrepreneurialen Spirit mitbringen, auch das eigene Geschäft verändern oder vielleicht sogar angreifen zu wollen, um es wieder neu aufzubauen. Frischwasser sozusagen. Heute verbringen Vorstandsteams sicher deutlich weniger als die Hälfte der Zeit mit diesen drei wichtigen Themen Strategie, Kultur und Transformation – das ist viel zu wenig. In-

sofern ist es ein großes Problem, dass die Prioritäten im Vorstand häufig noch deutlich andere sind. Zunächst muss der CEO sein Board überzeugen und dann gemeinsam mit dem Board die neuen Prinzipien vorleben, zulassen und auch sanktionieren, wenn es nicht funktioniert. Das ist eine enorme Managementaufgabe – sowohl zeitlich als auch vom Mindset und vom Willen her, es zu tun. Sie kann nur erfüllt werden, wenn sie von oben initiiert wird, und deshalb ist das Topmanagement der Schlüssel der ganzen Transformation.

Wie sehen Sie die Kompetenz heutiger Topmanagement-Teams zur Gestaltung des Wandels?

Leider denke ich, dass die wenigsten dazu in der Lage sind. Das liegt aber nicht nur an ihnen selbst, sondern auch am System. Die Systeme lassen heute sehr schwer zu, unternehmerisch und langfristig zu denken und wirklich Risiken einzugehen. Das liegt daran, dass zumindest die Boards, die ich kennengelernt habe, in ihren Interessen enorm durch die Vertragslaufzeiten von drei bis fünf Jahren bestimmt werden. Mindestens ein Jahr vor dem Ablauf des eigenen Vertrags versucht man schon an der Vertragsverlängerung zu arbeiten – was im Übrigen erst mal gar nicht verwerflich und auch grundsätzlich nachvollziehbar ist. Deshalb fehlen diesen Teams der lange Atem für die Umsetzung und auch die Risikobereitschaft, persönlich eine Veränderung mit großer Tragweite anzustoßen und zu verantworten. Auch ist die heutige Topmanagergeneration so erzogen und erfolgreich geworden, dass sie inkrementelle Verbesserungen voranbringen. Dafür gibt es die Boni in den Unternehmen, dafür wird man belohnt – diese Haltung ist mental tief im System und in den Köpfen verankert. Jetzt ist es nur die Frage, welche Generation es schafft, das aufzubrechen. Wichtig dabei ist auch die Rolle des Aufsichtsrats oder des Gesellschafterbeirats. Diese Gremien müssten eine viel aktivere Rolle spielen, um die Manager aus ihren mentalen Modellen zu befreien, denn nur sie haben die Power, hier entsprechende Impulse zu setzen. Ich glaube aber leider, dass wir heute noch nicht so weit sind. Es ist aber genau diese Diskussion, die in Gang kommen muss.

Also geht es im Kern auch um Mut, die bestehenden mentalen Modelle infrage zu stellen und zu überwinden. Wenn der Aufsichtsrat auf seine Leute an der Spitze nicht mehr setzen kann, wo sollen denn neue herkommen – und wie will der Aufsichtsrat beurteilen, ob die das können?

Eine Patentlösung habe ich dafür auch nicht, aber man könnte und müsste darüber nachdenken, parallel zu fahren. Beispielsweise zwei CEOs zu haben. Einen aus der eher traditionellen Welt, der für das Kerngeschäft zuständig ist. Und einen zweiten, der tatsächlich die Company neu denken und neu aufbauen darf – mit einer langfristigen Perspektive und Vertrauen ausgestattet, weil das natürlich nicht von heute auf morgen passiert. Ein Beispiel eines Unternehmens, das dies in der Vergangenheit durchgeführt hat, ist Lufthansa. Sie haben erkannt, dass ihr Geschäft in den europäischen Kernmärkten und insbesondere in Deutschland bedroht ist und nicht so umzubauen ist, dass es langfristig lukrativ zu betreiben ist. Deshalb haben sie parallel »auf der grünen Wiese« Germanwings aufgebaut und einen großen Teil ihres Deutschlandgeschäfts dorthin migriert. Und jetzt folgt mit Eurowings die nächste Umsetzungsstufe. Auch wenn in diesem Fall nicht die Digitalisierung der wesentliche Treiber war, so könnte dieses Vorgehen auch ein »Role Model« für die digitale Transformation sein. Aber dann braucht es eben in der Tat mutige Aufsichtsräte, die das unterstützen. Ich glaube, dass diejenigen, die sich das zuerst trauen und denen es gelingt, Nachahmer finden werden. Die Frage ist nur, wer traut sich als Erstes, aus dem bestehenden System auszubrechen?

Wohin die Reise geht

Ich persönlich finde die Frage sehr spannend, ob es bei den Fortschritten, Veränderungen und Entwicklungen in der Menschheitsgeschichte eine zugrunde liegende Logik, ein Paradigma gibt. Denn zweifelsohne kann man erkennen, dass seit den Neandertalern, den Urvölkern des Amazonasgebiets, der Feudalherrschaft des Mittelalters, der Sklaverei und sogar der Bürokratiedominanz der 1960er-Jahre Entwicklungen passiert sind. Und wenn dahinter eine Logik läge: Welche Entwicklungsvorhersagen und Richtungen – gerade auch für den Blick auf Organisationen – ergeben sich daraus? Die Frage ist für alle relevant, die aus dem »Trial and Error«-Prozess der Organisationsstrukturierung und -führung aussteigen wollen, der sich in so vielen Organisationen vollzieht. Er macht sich bemerkbar an den ständigen Überarbeitungen von Organigrammen und Prozessen, wodurch oft große Teile der Organisation beschäftigt und Energien für das Kerngeschäft abgezogen werden.

Besonders schmerzhaft erscheint mir dabei auch die Tatsache, dass nicht anerkannt wird, dass Strukturveränderungen längst Teil des Tagesgeschäfts geworden sind – und somit auch in die Arbeitszeitkalkulation vieler Mitarbeiter eingehen müssten. Change Management ist ein gefürchtetes Unwort geworden, und fast kein »Change« bewirkt tatsächlich nachhaltig eine Struktur, die tragfähig ist. Immer wieder werde ich gefragt, ob diese Veränderungsdynamik jemals ein Ende finden wird – und ob jemals wieder Ruhe und Beständigkeit herrschen werden. Deshalb finde ich die Frage nach einer Entwicklungsprognose, die Klarheit und Stabilität gibt und der Organisation den Ausweg aus dem Teufelskreis der ständigen Neustrukturierungen von Prozessen und Organigrammen bieten kann, sehr wichtig. Ist es eine Illusion, dass es eine Organisationsstruktur geben kann, die veränderten Kundenanforderungen, sich wandelnden Märkten und neuen Technologien gewachsen ist? Ich halte diese Frage für eine Schlüsselfrage, denn nichts ist anstrengender und mit mehr Widerständen behaftet, als sich ständig zu reorganisieren. Um sie zu beantworten, müssen wir einen Blick in angrenzende Wissenschaften werfen. Organisationen sind Teilsysteme der Gesellschaft, und die benannte Frage nach der Veränderungsrichtung steht deshalb in einem engen Zusammenhang mit der Entwicklung der Gesellschaft, in der sie eingebettet ist. Historiker, Philosophen, Psychologen – und in jüngster Zeit auch Organisationsexperten – haben ihre Forschung bereits den folgenden faszinierenden Fragen gewidmet: Wie und warum hat sich die Menschheit von frühem Anbeginn an bis zur heutigen modernen, westlichen, demokratischen Gesellschaft entwickelt? Und welche individuelle Entwicklung eines Menschen geht mit dieser kollektiven Entwicklung einher? Was wiederum heißt das für die Organisationen als Teilsysteme dieser Gesellschaften?

Das Modell der Entwicklungsstufen

Namhafte Forscher, auf deren Erkenntnisse sich meine Darstellungen im Folgenden stützen, sind unter anderem: Abraham Maslow (Entwicklung der Bedürfnisse), Jean Gebser (Entwicklung der Weltsicht), Jean Piaget (kognitive Fähigkeiten), Clare Graves (Werte), Carol Gilligan (moralische Entwicklung), Ken Wilber und Don Beck (Systematik, Einordnung, Modelle), Susanne Cook-Greuter (Führungsstile und persönliche Reife) und Frederic Laloux (Organisationsentwicklungsstufen). Viele dieser Forscher beziehen sich in ihren Forschungen aufeinander und entwickeln Erkenntnisse der anderen weiter. Clare Graves, ein amerikanischer Professor für Psychologie, erforschte vor allem das Wertebewusstsein bei Menschen und Menschengruppen (Nationen, Familien o. Ä.). Er fand dabei verschiedene Wertehierarchien, die zu einem ganz bestimmten Weltbild führen. Aus ihnen ergibt sich, welche Normen Gesellschaften anerkennen und mit welchem Verhalten man außerhalb der Norm steht. Es ist interessant, dass auch jeder einzelne Mensch von der Geburt an beginnt, diese Wertehierarchie anzuwenden und weiterzuentwickeln. Um das leichter verstehbar und anwendbar zu machen, habe ich das in der folgenden Tabelle dargestellte Stufenmodell entwickelt (unter www.piastruck.de, »Download« finden Sie die Tabelle zur besseren Übersicht in Farbe). Demnach durchläuft jeder Mensch in seinem Leben eine unterschiedliche Anzahl dieser Stufen, die sein Weltbild, seine Urteile, sein Verhalten und sein Empfinden prägen. Mit der Geburt startet jeder Mensch auf der Stufe 1 und entwickelt sich in seiner Kindheit und Jugend weiter, um dann mit etwa 20 Jahren bei Stufe vier oder fünf zu landen. Die individuelle Weiterentwicklung wird danach durch vielfache Faktoren beeinflusst. Das familiäre Umfeld, der Arbeitskontext, der Freundeskreis, persönliche Präferenzen und die eigene Zufriedenheit spielen dabei eine große Rolle, aber auch die gesamtgesellschaftliche Stufe. Zwischen der individuellen und der gesamtgesellschaftlichen Entwicklung herrscht demnach eine sich wechselseitig beeinflussende Verbindung. Eine Weiterentwicklung passiert in beiden Fällen vor allem dann, wenn sich entweder das Umfeld verändert oder eine andere Stufe eine passendere Antwort auf die Rahmenbedingungen liefert. So entsteht individuell oder kollektiv das Gefühl, dass die Stufe, auf der man sich befindet, nicht mehr adäquat ist. Der amerikanische Philosoph Ken Wilber fand später heraus, dass jedes Individuum zwar eine bevorzugte Sicht- und Verhaltensweise hat, aber um diesen Wesenskern herum je nach Kontext und Ansprache in den Bereich anderer Stufen hineinoszilliert. Beispielsweise könnte jemand im beruflichen Kontext einen Verhaltensschwerpunkt auf der fünften Stufe haben, aber im privaten Umfeld eher zur sechsten Stufe tendieren.

Der Entwicklungsprozess

Die gezeigten Stufen – zum besseren Verständnis habe ich ihnen Farben zugeordnet – bauen aufeinander auf, jede nachgelagerte basiert auf den vorgelagerten. Individuell und kollektiv kann eine neue Stufe erst entstehen, wenn die vorhergehenden Stufen stabil überstanden wurden. Ein Überspringen einzelner Stufen ist nicht möglich, wenngleich sich in jüngster Vergangenheit zeigt, dass die Zeitspanne des

Entwicklungs-stufe	Gesellschaftliche Merkmale	Weltsicht des Individuums	Organisationsformen und Charakteristika
Beige Stufe des Überlebens	Kampf um das Überleben, Essen und Sicherheit	existiert nicht	existiert nicht

Die beige Stufe ist der Ort, in den der Mensch hineingeboren wird. Es geht hier um das Überleben. Ein anderes Bewusstsein existiert noch nicht.

Violette Stufe der Zugehörigkeit	Magie, Geister, Ahnen, Blutsbande, Rituale, Tabus	existiert nicht	Naturstämme

Hier geht es um die Zugehörigkeit zu einem Stamm, der eine Heimat bietet. Das Individuum spielt keine Rolle. Manche Urvölker (z. B. am Amazonas oder in Papua Neuguinea) sind noch heute auf dieser Entwicklungsstufe.

Rote Stufe der Macht	Macht, Egozentrik, Mythen, Helden, die Welt als Dschungel	eigener Vorteil ist am Wichtigsten — ohne Schuldgefühle	starker guter oder böser Held an der Spitze, Helden-verehrung und Unter-ordnung durch die Mitarbeiter

Die rote Stufe ist von einem oder wenigen Machthabern dominiert, der bestimmt bzw. die bestimmen, und vielen, die gehorchen (müssen). Diktaturen (z. B. Nord-Korea) und Mafia-Organisationen sind so organisiert. Aber auch in Krisensituationen wird die rote Stufe relevant, weil sie schnell eine Orientierung bietet und Handlungs-klarheit ermöglicht (z. B. bei der Evakuierung eines Schiffs / Flugzeugs). Eine eigene Meinung ist tabu.

Blaue Stufe der Ordnung	Recht, Ordnung, Hierarchie, Obrigkeitshörigkeit, Treue, konservativ, konformistisch	Position und Sicher-heit sind wichtig, Schwarz-Weiß-Den-ken, Schuldgefühle bei Verstößen	Bürokratien mit fes-ten Prozessen und Regeln, die Klarheit und Sicherheit schaf-fen mit dem Ziel der Ordnung

Auf die Willkür der roten Stufe folgt die blaue Stufe mit klarer Ordnung und einem oft in Gesetzen oder Verhaltensregeln festgelegten Handlungsrahmen. Er bietet Gerechtigkeit, aber sorgt auch für Starre und Inflexibilität. Das Tabu ist »fünfe grade sein lassen«. In Deutschland sind etwa 30 Prozent der Erwachsenen Teil dieser Stufe.

Entwicklungs-stufe	Gesellschaftliche Merkmale	Weltsicht des Individuums	Organisationsformen und Charakteristika
Orange Stufe der Leistung	Wissenschaft, Leistung, Ratio, ständige Verbesserung, Kapitalismus, Objektivität	persönlicher maximaler Erfolg, Wissen und individuelle Freiheit sind das Wichtigste; man ist kopfbetont	leistungsorientierte Strukturen mit klarem Oben und Unten je nach Leistungsfähigkeit; Ziel ist die Mehrung des eigenen Wohlstands

Die orange Stufe steht für Rationalität und Leistung. Es herrscht die Auffassung, jeder könne gewinnen. Das Leben wird als Wettbewerb zelebriert. Das Investment-Banking ist ein klassisches Beispiel. Tabu ist, sich für ein Leben zu entscheiden, das nicht der Leistung dient. In Deutschland sind etwa 40 Prozent der Erwachsenen Teil dieser Stufe.

Grüne Stufe der Gemeinschaft	Gleichberechtigung, Gleichbehandlung, ökologisch, Sozialstaat	gemeinwohlorientiert, Individuum ist weniger wichtig, konstruktivistisch gefühlsbetont	soziale Institutionen, Hilfsorganisationen, Share Economy; das Ziel sind die Verbesserung der Welt und ein schonender Umgang mit Ressourcen

Hier werden Gemeinschaft und Pluralität wichtig. Jeder Mensch hat den gleichen Wert, unabhängig von seiner persönlichen Leistung. Jede Meinung ist wichtig, gemeinsam sollen Synergien geschaffen werden. Naturschutz, Greenpeace, Hilfsorganisationen – aber auch die skandinavischen Länder – sind Teil der grünen Stufe. In Deutschland sind etwa 25 Prozent der Erwachsenen Teil dieser Stufe. Tabu ist es, sich aufgrund der eigenen Leistungsfähigkeit für wichtiger zu halten als andere.

Gelbe Stufe der Systemik	Integral, Systeme in Systemen, Wechselwirkung, Nichtlinearität, Komplexität	Big-Picture-Denken, Graustufen – kein Schwarz-Weiß-Denken, Komplexität zulassen, Wertschätzung der anderen Stufen, sinnvollen Beitrag leisten	Hierarchie wird als Störung betrachtet; Ziele sind: Eigenverantwortung stärken, Pluralität nutzen, um Komplexität zu steuern; gemeinsamer Sinn steuert das gemeinsame Handeln

Es gibt noch keinen Staat, der hier angekommen ist. Erste Unternehmen, die so organisiert sind, existieren und sind oft sehr erfolgreich: Buurtzorg, FAVI, Patagonia, Gore. In Deutschland sind etwa 2 bis 5 Prozent der Erwachsenen Teil dieser Entwicklungsstufe. Tabu ist es, nicht an die Entwicklung zu glauben.

kollektiven, gesellschaftlichen Durchlebens einzelner Stufen stark variiert. In Bezug auf Organisationen verhält es sich allerdings etwas anders: Sie sind Subsysteme in Gesellschaften und werden erst durch Menschen, die auf bestimmten Stufen stehen, mit Leben erfüllt. Deshalb wird die Stufe der Organisation selbst maßgeblich durch die individuelle Stufe der Person mit dem höchsten Einfluss auf die Organisation – meistens der CEO, Gründer oder Geschäftsführer – bestimmt.

Ebenfalls relevant sind das spezifische Interesse und die Fähigkeit dieser Person, mit seiner Organisation Neuland zu betreten, denn insbesondere auf der gelben Stufe der Systemik entsteht gerade erst ein Bewusstsein, wie eine Organisation aussehen könnte, die durch entsprechende Paradigmen und auf ihnen basierenden Werten und Verhaltensweisen aussehen könnte. Gleichzeitig ist die gelbe Stufe aber die Stufe, die mit Multikomplexität umzugehen vermag. Da durch die Digitalisierung und die Globalisierung die gesamte Organisationswelt multikomplex und nichtlinear geworden ist, ist es sehr spannend zu sehen, wie Organisationen vorgehen, die bereits »gelb« arbeiten. Ein tiefes Verständnis hierfür kann man in Frederic Laloux' Buch »Reinventing Organizations« erlangen. Es ist heute definitiv noch eine Pionierleistung, einer Organisation diese Prägung zu geben. Im hinteren Teil des Buches werden wir solche fortschrittlichen Unternehmen wie Jos de Bloks Organisation »Buurtzorg« kennen- und strukturell verstehen lernen – und wir werden hören, wie es den Mitarbeitern in dieser Organisation geht.

Manche Menschen vermuten hinter einem solchen Modell der Entwicklungsstufen eine Legitimierung des zu Recht überwundenen Schubladendenkens oder die Grundlage einer Besser-schlechter-Logik. So berechtigt das vielleicht ist – denn eine geschlossene Schublade ist wirklich schwierig zu verlassen –, handelt es sich bei den Entwicklungsstufen dennoch um kein starres System. Vielmehr ist es eine Landkarte, mit der sich die Entwicklungsrichtung und eine neue und anstrebenswerte Art und Weise der Aufbau- und Ablauforganisation eines Unternehmens erkennen lassen, was für alle Beteiligten ein enormer Mehrwert ist. Eine Erklärung, warum manche Menschen das Modell der Entwicklungsstufen ablehnen, liegt auch in dem Modell selbst: Bis zur grünen Stufe hält jeder, der dort ist, sein eigenes Weltbild für das überlegene und beste. Andere Verhaltensweisen und Wertvorstellungen werden abgelehnt.

Man kann diese dogmatische Sichtweise an unserer Vergangenheit ablesen. Denken Sie an den erbitterten Streit zwischen Kirche und Wissenschaft, der die Geburtsstunde der Aufklärung war. Der Jahrhunderte während Streit zwischen der katholischen Kirche und dem Wissenschaftsgenie Galileo Galilei steht damit für die Entstehung der orangen Stufe der Wissenschaft und Leistung. Galileo missachtete das bisherige Dogma der blauen Stufe, die Kirche habe in allem recht, und mischte sich aus seinem wissenschaftlichen Interesse heraus in die damaligen Hoheitsrechte der Kirche ein. Gemündet ist dieser Streit Jahrhunderte später in der Gewaltenteilung und der Trennung von Kirche und Staat sowie der kompletten Rehabilitierung von Galilei durch Papst Johannes Paul II. Auch die Straßenschlachten und Krawalle in den 1968er-Jahren, bei denen es den Protestierenden um die Überwindung des Bürokratismus hin zu Individualität und Leistung ging, waren ein letztes Aufbegehren hin zur orangen Stufe. Und noch später: die Entstehung der Umweltbewegung, die anstatt des Kapitalismus- und Leistungsmantras die Wichtigkeit der Ökologie und Gemeinschaft postulierte. Dadurch entstand ein großer Bevölkerungsanteil, der auf der grünen Stufe stand. Immer waren Kämpfe mit gegenseitigen Abwertungen notwendig, um neuem Denken und der Entwicklung eines neuen Bewusstseins Raum zu geben.

> **Immer waren Kämpfe notwendig, um neuem Denken und der Entwicklung eines neuen Bewusstseins Raum zu geben.**

Eine Stufe geht aus der vorhergehenden hervor. Auf diese Weise sind die Stufen einander Fundament und Basis, und die wichtigen Errungenschaften der vorhergehenden Stufe werden nicht eliminiert, sondern beibehalten, aber sie dominieren nicht mehr die Verhaltensnormen. Verständlich wird das Modell erst, wenn man sich die einzelnen Stufen nicht als exklusiv existente Denk- und Verhaltensrichtungen vorstellt, sondern versteht, dass beispielsweise in einer Gesellschaft zwei bis drei Stufen gleichzeitig nebeneinander existieren können.

Der Entwicklungsprozess gleicht eher einem mäandernden Fluss. Er fließt zwar stetig einer Mündung entgegen, kann sich dabei aber auch zeitweilig in die entgegengesetzte Richtung bewegen. So ist es auch bei den Stufen, es kann Rückschritte geben. So kann eine Gesellschaft, die sich fest auf der blauen Stufe etabliert hat, einen Rückfall auf die rote Stufe erleiden. So passiert in Deutschland 1933. Trotzdem bleibt der evolutionäre Entwicklungsprozess dahinter existent – und folgerichtig wurde nach Kriegsende die »rote« Diktatur durch strikte »blaue« Gesetzgebung – Recht und Ordnung – überwunden. Derzeit ist Deutschland geprägt von etwa 25 Prozent Erwachsenen, deren Denken und Weltbild der blauen Stufe entsprechen, 35 bis 40 Prozent der Erwachsenen sind »orange«, 25 Prozent denken und handeln »grün«. Die restlichen 10 bis 15 Prozent verteilen sich auf die rote und die gelbe Stufe.

Große Schritte

Erst die gelbe Stufe erkennt, dass es kein Entweder-oder gibt, sondern dass die funktionalen Aspekte jeder Stufe nützlich sind. Werten die vorherigen Stufen sich noch wechselseitig ab und halten sich jeweils für überlegen, so schätzt und integriert »Gelb« die Vorzüge jeder Stufe davor. Deshalb wird sie auch mit dem Wort »integral« bezeichnet. Das bedeutet, dass Leistung nicht mehr per se abgelehnt oder Regeln als überflüssig betrachtet werden, sondern es besteht das Bewusstsein, dass man alle Stufen in einer integrierten Weise braucht, um eine adäquate Denk- und Verhaltensweise in der heutigen Zeit zu finden. Es ist nur logisch, dass mit den durch die Globalisierung und Vernetzung einhergehenden, mehr weltzentrischen Problemen auch die gelbe Stufe immer stärker wird. Die Menschheit nimmt wahr, dass es nicht dieselben gesellschaftlichen Rezepte sind, die überall funktionieren, sondern dass es der Kontext und der Entwicklungsstand einer Gesellschaft ist, der vorgibt, wie gehandelt werden kann. Unterschiede werden diskussionsfähig. Das lässt sich beispielsweise auch daran erkennen, dass es im leistungsorientierten Deutschland mittlerweile dennoch salonfähig geworden ist, zu behaupten, dass endloses Wachstum in einer begrenzten Welt nicht möglich ist. Ein Gedanke, der für Menschen mit »oranger« Haltung schwer akzeptabel ist und der meiner Meinung nach nur ausgesprochen und gehört wird, weil immer mehr Menschen Zweifel haben und sich innere Sinnfragen stellen, die auf einen anstehenden Entwicklungsschritt in Richtung »Grün« hinweisen.

Entwicklungsschritte werden immer durch eine neue Wahrnehmung der Welt und unserer individuellen und gesellschaftlichen Rolle in der Welt möglich. Dabei kommt dem Internet eine ganz wesentliche Bedeutung zu, weil es uns die Möglichkeit bietet, sich ständig mit vielschichtigen Informationen und anderen Perspektiven aus der ganzen Welt zu versorgen. Man ist in einem Weltdialog, und so ist es beispielsweise nicht mehr nur die deutsche Presse, die unsere Meinung prägt. Wir können jetzt genauso durch die Augen der »New York Times« auf Deutschland schauen oder verstehen, wie Al Jazeera das Verhalten der USA in Afghanistan bewertet. Seither stellen sich die Menschen im Westen verstärkt Fragen über ihre Verantwortung in der Welt und sehen, dass der Staat oftmals nur nach eigenen Interessen handelt. Es wird wahrgenommen, dass dabei manchmal ganz andere moralische Grundsätze gelten, als im Land sonst üblich sind. So entstehen Fragen darüber, wie es sein kann, dass die westlichen Mineralölkonzerne Nigerias Bodenschätze nutzen, dabei Milliardengewinne einstreichen und in Nigeria kein Wohlstand, sondern nur desaströse Umweltschäden entstehen. Oder: Ist es angemessen, dass die USA den demokratischen Wandel in Südamerika behindern, indem sie despotische Politiker sponsern, weil sie Angst um ihre Ölfördermengen haben? Dürfen wir Waffen in Krisengebiete liefern? Haben die afrikanischen, die südamerikanischen und die Staaten im Nahen Osten recht, wenn sie sagen, unser Verhalten sei verdeckter Kolonialismus? Was ist der Beitrag des Westens dazu, dass heute so viele Menschen bei uns Zuflucht suchen? Wir erkennen, dass Europa ohne gemeinsame Werte und nur über Formalia in Brüssel nicht funktionieren wird. Und es ist uns bewusst, dass europäische Agrarsubventionen in Afrika verheerende Folgen haben und wir so eine Abschottungspolitik betreiben, die in Afrika direkt Hunger und Leid auslöst – aber unseren Wohlstand stetig mehrt.

Zukunftsdenker, wie Jeremy Rifkin mit seinem Buch »Conscious Society«, finden viele Anhänger, weil klar ist, dass es darum geht, auf globale Fragen verantwortungsvolle Antworten zu geben. In der Vergangenheit waren die Antworten der westlichen Welt fast immer von einer in der orangen Stufe fußenden Logik der wirtschaftlichen Interessen beeinflusst. Die Bereitschaft, sich heute mit solchen weltzentrischen Fragen auseinanderzusetzen, zeigt, dass viele Menschen es wichtig und richtig finden, sich komplexen, nichtlinearen Sachverhalten zu nähern. Noch vor einigen Jahren erlebte man bei Diskussionen viel häufiger die Reaktion, dass diese Fragen schlicht unlösbar seien und die Beschäftigung damit naive Zeitverschwendung.

Ein weiteres Beispiel für die Weiterentwicklung in Richtung der grünen Stufe ist die Share Economy, die ein Zeichen für das Bewusstsein ist, weniger Konsum und Anhäufung materieller Gegenstände zu wollen. Und gleichzeitig ist sie auch ein Ausfluss der Vernetzung miteinander, die das Internet möglich gemacht hat. Es gibt eine große Menge an Symptomen, die zeigen, dass sich im Moment in der westlichen Welt viele Menschen in die Bereiche der grünen und der gelben Stufe hineinentwickeln. Es braucht einen neuen Reflexionsprozess über die Rolle des Westens in der Welt. Und die durchaus komplexen Antworten liegen in einem ständigen Abwägen zwischen eigenem Nutzen als Nation und dem Beitrag zur Entwicklung der Welt.

Bedeutung für Organisationen

Die informierten und wissenden Bürger, die sich die oben genannten moralischen Fragen stellen und sich selbst weiterentwickeln, sind auch Mitarbeiter in den Organisationen, die unsere Unternehmen darstellen, und sie stellen auch hier entsprechende Anforderungen. Ich bin sicher, dass Organisationen die gelbe Stufe nicht mit dem Betriebssystem aus Hierarchie und Kontrolle erreichen können. Es ist perfekt für die orange Leistungsstufe. Es hat jedoch den großen Nachteil, Kreativität zu unterdrücken und so keine wirklichen Innovationssprünge zu ermöglichen. Die Herausforderung der Digitalisierung in Kombination mit den entstehenden und erstarkenden

Forderungen der Mitarbeiter nach Eigenverantwortung, Kreativität und Work-Life-Balance zwingt die Unternehmen zu einer Weiterentwicklung ihres Betriebssystems. Die Haltung der Unternehmen gegenüber ihren Mitarbeitern zeigt sich in der Art, wie die meisten Unternehmen ihre Mitarbeiter informieren und welche Möglichkeiten zur Mitgestaltung der Zukunft man ihnen gibt. Die sich entwickelnden Mitarbeiter fordern dabei eine Begegnung auf Augenhöhe. Sie erwarten, dass das Unternehmen aus der Rolle einer Enklave mit eigenen Regeln austritt und sich selbst als Teil der Gesellschaft erkennt. Die Welt, die Gesellschaft, die Beziehungen der Menschen bilden ein Netzwerk – und es wird darum gehen, die heute noch rigiden Mauern des Unternehmens gegenüber dieser Umwelt durchlässig zu machen und auch intern das Netzwerk zu stärken. Ein sehr zentraler Schritt ist dabei die Umsetzung einer transparenten, nicht zensierten, internen Vernetzung. Technisch ist das ziemlich einfach …

> **Die Digitalisierung und die neuen Forderungen der Mitarbeiter zwingen die Unternehmen zu einer Weiterentwicklung ihres Betriebssystems.**

Die wichtigsten Schritte

Wenn die Entwicklungsrichtung gesellschaftlich und dadurch auch in den Unternehmen in Richtung der grünen und gelben Entwicklungsstufe geht, dann liegt das daran, dass sich die einzelnen Menschen weiterentwickeln. Dabei kann es passieren, dass große Teile der Erwachsenen ihre Haltung zu Dingen ändern, weil ihr Erfahrungshorizont sich durch äußere Erlebnisse wie beispielsweise die Flüchtlingskrise verändert. Außerdem wächst die nächste Generation schneller als bisher in die Bereiche der Stufen Grün und Gelb hinein.

Ich behaupte, dass in großen Teilen der westlichen Welt – in Deutschland, den USA, England oder Frankreich – die von staatlicher Seite erwünschte Entwicklungsstufe der Erwachsenen orange ist. Diese Entwicklungsstufe ist eng mit dem Kapitalismus verknüpft und unterstützt ihn in seiner heutigen Form. Das lässt sich sehr gut am Schulsystem festmachen, wenn man davon ausgeht, dass die Schule vom Staat so konstruiert und geschaffen wird, dass sie der Gesellschaft nützt, und dass diese von den Schülern geprägt wird, die die Schulen verlassen. Das deutsche Schulsystem beispielsweise entlässt Schüler, die es gelernt haben, in einer Art ständigem Wettbewerb mit ihren Mitschülern zu stehen. Sie lernen auch, dass die Bewertung ihrer schulischen Leistung vor allem auf ihrer Fähigkeit beruht, in zeitlich begrenzter Zeit kognitive Leistung abzurufen, und weniger auf ihren kreativen oder empathischen Fähigkeiten. Leicht könnte man sich auch andere Schwerpunkte in Schulen vorstellen – wie Lebenskunst, Glück, gelingende Kommunikation, Selbstreflexion, Gruppendynamik, Gemeinwohlunterstützung oder Ähnliches. Dass diese Fächer nicht existieren, zeigt, dass die Schule die Menschen so ausbildet, wie der Staat sie braucht. Aus seiner Perspektive betrachtet, ist die Schule genau dann gut, wenn die Menschen, die aus ihr hervorgehen, für die bestehende Wirtschaft hochgradig funktional und passend sind. Schulen, die Schwerpunkte wie die oben genannten hätten, würden in eine Gesellschaft passen, die das Ziel hat, gemeinschaftsorientierte Menschen mit einem guten Gefühl für das eigene Glück hervorzubringen.

Schaut man beispielsweise nach Schweden, einem Land, in dem viele Erwachsene bereits die grüne Stufe erreicht haben, findet man ganz anders strukturierte Schulen. Die Kinder werden bereits in frühen Jahren mit dem sogenannten »Jantelag« in Berührung gebracht, welches die Gleichwertigkeit der Menschen unabhängig von ihrer Leistung als sehr wichtige Haltung lehrt. Die schwedischen Kinder werden bis zur zehnten Klasse in einer Schulform unterrichtet. Toleranz gegenüber Andersartigkeit, Unterstützung Schwächerer, Gruppenlernen und die Fähigkeit, Menschen aufgrund von viel mehr Eigenschaften als nur der kognitiven Leistung zu wertschätzen, werden so in der Gesellschaft verankert. Diese unter anderem so geförderte »grüne« Haltung in Schweden hat jedoch immer noch den Nachteil, dass sie sich für überlegen hält und damit andere notwendige Impulse unterdrückt. Beispielsweise erzählte mir ein Oberarzt in einem schwedischen Krankenhaus, dass dort Gruppendiskussionen oft in ermüdenden Endlosschleifen zwischen pflegendem Personal und Ärzteschaft münden. Die Ärzte, die die letztendliche Verantwortung für Entscheidungen haben, treffen diese nicht, weil es ihnen so ausgelegt werden könnte, als stellten sie sich über das pflegende Personal. Genau das wurde den schwedischen Kindern in der Schule mit dem »Jantelag« beigebracht. Insofern steht für Schweden die Entwicklung in Richtung der gelben Stufe an mit ihrer Akzeptanz und Nutzung von Unterschiedlichkeiten.

In Deutschland vollzieht sich gerade in schnellem Tempo und unterstützt durch die nationalen und globalen Geschehnisse ein Entwicklungsschritt. Haben wir derzeit in den Unternehmen eine »orange« dominierte Mehrheit mit »blauen« und »grünen« Nebeneinflüssen, so bildet sich aufgrund verschiedener Einflussfaktoren eine neue Masse an Mitarbeitern und Führungskräften. Sie sind verstärkt »grün« und »gelb« geprägt und stellen deshalb andere Forderungen an die Unternehmen. Im Folgenden möchte ich detaillierter erläutern, welche Denk- und Handlungsmuster die Menschen mit mehrheitlich »oranger«, »grüner« oder »gelber« Prägung haben. Viele der nachfolgend beschriebenen Zusammenhänge fußen auf der Forschung von Dr. Susanne Cook-Greuter, die zu den Entwicklungsstufen von Individuen auch einen Test entwickelt hat, mit dem die jeweilige dominante Entwicklungsstufe eines Menschen diagnostiziert werden kann. Es ist ein umfassendes Verfahren, bei dem 200 Satzanfänge zu Ende geführt werden müssen und somit Werte, Haltung, Selbsteinschätzung, Denkmuster des Antwortenden offengelegt werden.

Orange Stufe der Leistung

Bei dieser Stufe handelt es sich um die Zielstufe der meisten Schul- und Ausbildungssysteme in unserem Land. Viel von unserem heutigen Wohlstand, unserer Produktionsqualität, die viel gepriesene »German Efficiency« ist möglich geworden, weil unsere Unternehmen vor allem von Menschen geführt werden, die diese herausragenden, zielorientierten, stets nach Verbesserung suchenden Vorgehensweisen haben. Ein Mensch, der primär »orange« tickt, verbindet sich am ehesten mit anderen Personen, die ähnliche Entscheidungen wie er selbst im Leben getroffen haben. Personen auf dieser Stufe interessieren sich für Gründe, Ursachen, Ziele, Konsequenzen und die effiziente Nutzung von Zeit. Diese Menschen glauben stark an eine wissenschaftliche Methode zur Enthüllung der Wahrheit. Sie arbeiten selbstbewusst für das, was sie aus ihrer Sicht gut für alle halten.

Menschen dieser Stufe geben sich nicht mit einer rein objektiven Perspektive auf sich selbst und ihr Leben zufrieden, sondern wenden sich ernsthafter Selbstreflexion zu. Diese Menschen wirken rational, analytisch, gewissenhaft und fair – gleichzeitig auch kompetent und mit großem Selbstbewusstsein. Ihr Hauptinteresse ist das Erkennen von Gründen und Ursachen, die Definition von Zielen, Leistung und Effektivität basierend auf Vereinbarungen und Verträgen. Gerade die Suche nach den Ursachen und Gründen lässt diese Menschen glauben, dass sie auch die Wahrheit über sich selbst finden können. Die Analyse von anderen ist sehr interessant und eine Herausforderung für sie. Viele Persönlichkeitstests und Typologien, aber auch Vorgehensweisen wie die bereits beschriebene Mitarbeiterbefragung entspringen der Vorstellung einer messbaren Objektivität. Ihre Selbstachtung basiert auf ihrem Erfolg und dem Gefühl der Unabhängigkeit. Andersartige Kenntnisse werden geschätzt, solange sie nicht die eigene Überzeugung infrage stellen.

> **Der finanzielle Fokus vieler Leistungsmenschen passt sehr gut mit dem Kapitalismus zusammen.**

Außerdem sind Menschen der orangen Stufe stetig dabei, Dinge verantwortlich, gewissenhaft und zweckdienlich zu erledigen. Ein wichtiges Ziel für den Antrieb dieser Menschen ist, etwas zu erreichen und zu verbessern – während auf den nachgelagerten Stufen das eigene Individuelle mehr in den Vordergrund des Interesses gerät. Die Stimmungslage kann man mit ernsthafter Überzeugung, Idealismus und einem auf Aktivitäten ausgerichteten Enthusiasmus beschreiben. Aber der Wunsch, unbedingt erfolgreich sein zu müssen, macht auch abhängig und verletzbar. Da diese Menschen sehr mit ihren Projekten beschäftigt sind, kommen sie wenig zur Ruhe und zum Leben im Hier und Jetzt. Selten reflektieren sie über das Leben als Ganzes. Diese Menschen sind für ihren intellektuellen Skeptizismus gegenüber bisher noch nicht bewiesenen Dingen bekannt. Der finanzielle Fokus vieler Leistungsmenschen passt sehr gut mit dem Kapitalismus und der westlichen Sicht auf die Realität zusammen.

Die vielfachen Effizienz- und Strategieschleifen, durch die Konzerne und Unternehmen seit Jahren laufen, entspringen der Geisteshaltung der Leistungsmenschen. Zur Verbesserung des Status quo betrachten sie häufig nur Teilaspekte und sind deshalb weniger in der Lage, kreative, wirklich andere, neue Vorgehensweisen zu entwickeln. Ihre Wertschätzung für andere Leistungsmenschen führt dazu, dass Unternehmen immer mehr zu Monokulturen aus denselben leistungsorientierten Mitarbeitern werden, während die Kreativen merken, dass ihre Fähigkeiten kaum geschätzt werden. Aufgrund ihrer Kreativität erschaffen diese Menschen sich dann Lösungen für ihr Problem, die oft außerhalb der bestehenden Organisationen liegen. Die hauptsächlich bestehenden Beschränkungen des Individuums auf dieser Stufe sind die Akzeptanz äußerer Fakten, der Glaube an die objektiv messbare und für alle beweisbare Realität einer externen Welt und das Nichterkennen der Konstruiertheit von Vorstellungen – auch der eigenen. Der Glaube an die Objektivität macht es auch problematisch, dass komplexe wissenschaftliche Analysen zwar angewandt werden, die ihnen zugrunde liegenden Systemannahmen jedoch fast nie infrage gestellt werden. Nur so ist auch zu erklären, weswegen Organisationen derzeit in einer Art »Mehr-des-Gleichen« gefangen und kollektiv selten in der Lage sind, aus Fehlern die richtigen Veränderungsschlüsse zu ziehen und umzusetzen. Mit der Entwicklung in die Richtung der nächsten Stufe Grün ändert sich vor allem diese Fähigkeit.

Grüne Stufe der Gemeinschaft

Menschen der grünen Entwicklungsstufe haben das Anliegen, grundlegende Annahmen und Rahmenbedingungen aufzudecken. Sie bemerken zusehends, dass die Dinge nicht immer das sind, was sie zu sein scheinen, da die Interpretation der Wirklichkeit immer auch vom Beobachter selbst abhängt. Diese Menschen sind sich darüber im Klaren, dass niemand so vollkommen objektiv sein kann, wie es von der rational-wissenschaftlichen Weltsicht der Leistungsmenschen angenommen wird. Der Einzelne beginnt verstärkt, sich selbst zu beobachten, um sich zu verstehen. Gemeinschaftsmenschen mögen keine rein rationalen Analysen, sondern bevorzugen einen eher organischen Ansatz, der Gefühle und Zusammenhänge mitberücksichtigt und bei dem der Prozess mindestens ebenso wichtig ist wie das Ergebnis. Das bedeutet, dass auch die strikte Zielorientierung des Leistungsmenschen relativiert wird.

Der Gemeinschaftsmensch distanziert sich von der orangen Stufe der Leistung, weil er konventioneller Weisheit und hyperrationalen Lehrmodellen misstraut. Er hat erkannt, dass der überwiegende Teil der eigenen Bedeutungsbildung sozial und kulturell bedingt ist. Viele dieser Menschen überprüfen deshalb kontinuierlich und bewusst ihre Überzeugungen und hinterfragen ihre Annahmen und genießen dadurch eine neugewonnene geistige Freiheit. Der Wunsch nach Selbstausdruck und einem Entdecken der eigenen Talente jenseits von sozial erwünschten Rollen ist groß. Wenn man es zulässt, können diese Menschen einen kreativen Einfluss haben, sie können neue Sichtweisen und Lösungsansätze entwickeln und auch andere mit ihrem Enthusiasmus inspirieren.

Auch löst der Mensch sich in dieser Stufe von dem Wunsch, alles beweisen zu müssen, um danach zu leben. Das »Machen« der Leistungsstufe weicht einem »Sein, Werden und Fühlen«, das allen Menschen zugebilligt wird. Diese Individualisten geben jeder Stimme Raum, und Treffen solcher Gruppen können im stundenlangen Austausch verschiedener Standpunkte enden. Dabei sind sie oft sehr unproduktiv, weil Hierarchie abgelehnt wird und man sich nicht auf Regeln einigen will. Viele Vereine oder Elterninitiativen sind Beispiele von Gruppen, die häufig so funktionieren. Weil diese Gruppen zwar oft kreativ und pluralistisch, aber nicht effizient und lösungsorientiert sind, entstehen fast zwangsläufig auf der Hinterbühne Machtkämpfe, um überhaupt Dinge voranzubringen. Die Piratenpartei hat in den Jahren 2013 und

2014 öffentlich gezeigt, wie ein solcher Ansatz in Gruppen scheitern kann.

Da der Gemeinschaftsmensch jedoch nicht so sehr an der Erreichung von Zielen interessiert ist, sondern die Relativität aller Positionen schätzt, erscheint er manchmal fast schon »laissez-faire«. Die Hauptsorge der Menschen auf dieser Stufe dreht sich häufig um die nicht integrierten Teile des eigenen Inneren. Es existiert im Individuum ein wahrgenommener Konflikt, der in einer Angst mündet, möglicherweise nie das eigene wahre Selbst zu finden. Man neigt zur Introspektion und aufgrund der Wahrnehmung dieser eigenen Pluralität auch zu einer gesteigerten Empathiefähigkeit mit anderen und überhaupt zur Toleranz gegenüber Andersartigkeit. Auf andere wirken diese Menschen häufig unbekümmert und spontan sowie frei von Konventionen. Gleichzeitig sind sie wegen ihrer Unberechenbarkeit gefürchtet und werden auch teilweise als Nichtsnutze abgetan – besonders von der Leistungsstufe. Objektivität enttarnen sie als Illusion und verstehen, dass die Bedeutung immer vom Beobachter abhängt. In Organisationen brauchen sie viel Freiheit zum Experimentieren. Als Leiter sind sie schwierig, weil sie eher unwillig sind, Entscheidungen zu treffen – es fühlt sich für sie nicht richtig an aufgrund der Gleichwertigkeit der Menschen und der Wichtigkeit von Meinungsvielfalt und Selbstausdruck.

> **Objektivität lässt sich als Illusion enttarnen und die Bedeutung von Dingen hängt immer vom Beobachter ab.**

Gelbe Stufe der Systemik

Die gelbe Stufe stellt eine Weiterentwicklung der grünen Stufe dar und stellt die Erfahrung des Einzelnen in den Kontext ganzer Weltanschauungen und in die Gesamtheit der Lebenszeit. So können diese Menschen Muster von Systemen und langfristige Trends erkennen und werden oft wegen ihrer strategischen Fähigkeiten geschätzt. Die Stufe heißt deshalb »Systemik«, weil die Menschen eine integrierte Sicht auf die Realität haben, wie sie auch in der Systemtheorie beschrieben wird. Sie können mehrfach miteinander verbundene Systeme aus Beziehungen und Prozessen in ihren Abhängigkeiten und Wechselwirkungen verstehen. Anders als den Menschen der grünen Stufe gelingt es ihnen, ihre unterschiedlichen Anteile selbst anzunehmen und zu integrieren.

Der Systemiker verpflichtet sich bewusst dazu, aktiv ein bedeutungsvolles Leben für sich und andere mithilfe von Selbstbestimmung und Selbstverwirklichung in sich ständig ändernden Zusammenhängen zu führen. Sein Selbst ist sowohl differenziert als auch integriert. Eine wesentliche Unterscheidung zum Gemeinschaftsmenschen ist, dass er wesentlich weniger zynisch und misstrauisch ist. Vielmehr übernimmt er die volle Verantwortung für die Bedeutungen, die er den Dingen und Geschehnissen beimisst, weil er versteht, dass es seine eigene Sichtweise ist, die diese hervorbringt. Auch gelingt es ihm verstärkt, eigene Schattenseiten einzugestehen. Sich widersprechende Gefühle werden als normal bewertet und oft gut ausgehalten. Die Selbstverpflichtung gebietet es, nach außen ausbalanciert, vernünftig und reif zu erscheinen. Beziehungen zu anderen Menschen und die ihnen innewohnende Abhängigkeit werden mit Verantwortung und Ehrfurcht behandelt.

Es ist dem Menschen dieser Entwicklungsstufe klar, dass tiefe Selbstkenntnis und Weisheit nur durch die Spiegelung im Gegenüber und den Kontakt zu anderen vertieft werden können. Die größte Angst des Systemikers ist, sein Potenzial nicht ausgenutzt zu haben oder es nicht geschafft zu haben, den von ihm geschätzten universellen Werten wie Gerechtigkeit, Toleranz, Würde aller Menschen gerecht zu werden. »Das Beste aus sich machen« ist das Lebensmotto – und ein lebendiger Selbstausdruck die Folge. Menschen dieser Stufe haben mehr als die vorhergehenden den Wunsch, anderen auch dabei zu helfen, sich zu entwickeln. Viele Coaches sind auf dieser Stufe. Schwierig wird es, wenn die Entwicklung der anderen stockt – dann entsteht leicht eine Frustration über den vermeintlichen Widerwillen der anderen. Das ist vermutlich die zentrale Schwäche dieser Stufe. Diese Menschen konstruieren ihren eigenen Sinn, ohne diesen anderen aufzwingen zu wollen, denn sie respektieren deren Bedürfnisse nach Unabhängigkeit und freier Wahl. Für Menschen dieser Stufe ist es besonders wichtig, möglichst frei ihren Leidenschaften nachzugehen.

Der Stein der Weisen?

Wie schön wäre es, wenn mit diesem Modell der Stein der Weisen gefunden wäre und wir ab sofort die Menschen danach einteilen könnten. Wir wüssten immer sofort, woran wir sind und wie Menschen handeln, was wir von ihnen erwarten können – und was nicht. Doch so einfach ist es leider nicht. Der Mensch entwickelt sich eben nicht linear durch die einzelnen Stufen. Zum einen gibt es das Denken und zum anderen gibt es das Fühlen. Und aus dem Zusammenspiel dieser beiden Faktoren ergeben sich – auch beeinflusst durch den jeweiligen Kontext – das Verhalten und die Aktions- und Reaktionsweisen des Menschen. Denken und Fühlen können unterschiedlichen Stufen entsprechen. In meiner Arbeit in großen Unternehmen treffe ich sehr viele Menschen, die zwar spüren, dass die rein effizienzgetriebene Leistungsorientierung der orangen Stufe und des Kapitalismus in dieser Form nicht mehr alleingültig sein sollten. Sie sind im Bereich des Fühlens bereits »grün« oder »gelb«. Aber ihr Denken ist geprägt von ihrem Erfahrungskontext, welcher eben überwiegend »orange« ist. Und aufgrund fehlender anderer Modelle und Vorbilder können sie sich oft ein anderes Handeln gar nicht vorstellen. So bleiben sie oft sehr lange Gefangene des Dilemmas aus »orangem« Denken und »grünem« oder »gelbem« Fühlen. Ohne Wechsel des Bezugsrahmens – neuem Kontext, neuem Job, neuer Herausforderung, neuem Umfeld – ist eine Entwicklung für diese Personen sehr schwierig. Es gibt auch den umgekehrten Fall von weitsichtigem Denken, beispielsweise der gelben Stufe. Schaut man sich aber die Handlungen des Menschen an, so wird klar, dass das Fühlen wesentlich traditioneller gelagert ist und noch nicht dieser Stufe entspricht.

Für mich hat sich deshalb über die Jahre gezeigt, dass man die Entwicklungsstufe einer Person am treffsichersten nicht über ihre Äußerungen erkennen kann, sondern über ihr Handeln. Wenn man also gut hinhört, was ein Mensch sagt, und dann beobachtet, was er macht, kann man leicht feststellen, welcher Entwicklungsstufe sein Denken und sein Fühlen entsprechen – und eben auch sein Handeln.

Entwicklungsvision

Die meisten Unternehmen sind heute dominiert von Führungskräften, die Zielorientierung und Effizienz als oberste Priorität ihres Handelns haben. Herausfordernd ist die Vorstellung, wie es wohl wäre, wenn mehr Gemeinschaftsmenschen in Führungspositionen kämen, denn das erscheint als der nächste Entwicklungsschritt. Durch die Unwilligkeit der »grünen« Gemeinschaftsmenschen zu führen, mutet das allerdings nicht sonderlich realistisch an. Und ich halte diesen Schritt, heute »orange« dominierte Unternehmen zu »grün« dominierten Unternehmen zu entwickeln, auch nicht für sinnvoll. »Grün« verhält sich zu »Orange« fast wie ein Antagonist, und die Unternehmen würden von top-down-dominierten Effizienzmaschinen zu basisdemokratischen Wohlfühllagern werden. Da die grüne Stufe ebenso wie die orange Stufe die anderen Stufen abwertet, würde sie zwangsläufig die Zielorientierung und Effizienz, die für »Orange« so wichtig ist, vernachlässigen.

> Es entsteht bei allem, was wir tun, immer eine Wirkung auf andere Systeme.

Und doch ist es nun einmal so, dass keine Stufe übersprungen werden kann. Weiter entwickelte Unternehmen müssen die Kernbedürfnisse der grünen Stufe verstehen und integrieren. Was ist also realistisch aufgrund der gegebenen Rahmenbedingungen? Welche Entwicklung zeichnet sich ab? Es ist erkennbar, dass auch durch das Internet ein Bewusstsein für die Vernetzung und Verbundenheit von Völkern und Menschen entsteht. Intuitiv lehrt das Internet mit seinen demokratischen Möglichkeiten zur Teilhabe am Wissen, seiner unsteuerbaren Vernetzung der Menschen, aber auch mit seinen Möglichkeiten, durch die eigene Leistung und Persönlichkeit auf vielfältige Weise Erfolge zu generieren, die Menschen das Fühlen und Handeln der gelben Stufe. Eine Regel, die das Internet uns beibringt, ist: Es entsteht bei allem, was wir tun, immer eine Vernetzung und eine Wirkung der eigenen Handlungen auf andere Systeme. Diese Fast-Reaktion auf die eigenen Taten sollte miteinkalkuliert werden.

Digital Natives wachsen unter dem Einfluss des Internets zu Menschen heran, die große »gelbe« Anteile in ihrer Intuition und ihrem Fühlen haben. Nicht zufällig sind die sogenannten »Digital Natives« (also alle Menschen, die 1980 und später geboren sind) fast komplett deckungsgleich mit der Generation Y (alle, die nach 1977 geboren sind). Wie bereits ausgeführt stellt die Generation Y ganz andere Anforderungen an Unternehmen als Arbeitgeber, als es die Generationen davor getan haben. Der wesentliche Unterschied liegt darin, dass die Generation Y eben stark »grün-gelb« fühlt und handelt. Das bedeutet, dass die heute in den Unternehmen herrschenden Logiken, die sehr von der orangen Stufe dominiert sind, ihnen ungeeignet erscheinen, um eine Arbeitsumgebung zu schaffen, in der sie sich einbringen möchten und wohlfühlen. Und die »orange« geprägten Unternehmen fühlen sich überfordert, weil sie die Forderungen der Generation Y nicht verstehen, sondern sie durch die gewohnte Leistungsbrille bewerten. »Unwillig, fordernd, eigen, selbstoptimierend« sind einige der negativen Bewertungen, die die Unternehmen dieser Generation verpassen. Gleichzeitig erlebe ich neben dem Unverständnis, aus dem die Ratio des Leistungsmenschen spricht, auch eine heimliche Bewunderung der älteren Generationen für die Klarheit der Generation Y. Das resultiert daraus, dass es auch bei der älteren Generation häufig einen Wunsch nach mehr Eigenverantwortung, eigenem Gestaltungsspielraum und gleichzeitiger Work-Life-Balance gibt.

Die große und komplexe Frage für die Unternehmen ist nun: »Wie können wir eine Kultur gestalten, die die talentierte Generation Y dazu bringt, sich bei uns zu bewerben – und bei uns zu bleiben?« Es erscheint so, als sei das der wichtigste Schritt für die Unternehmen, um langfristig Talente anzuziehen und kreativ zu bleiben. Nur durch eine solche Kultur werden sie letztlich überleben.

Perspektivwechsel: Teil V

Fortsetzung des Gesprächs mit Prof. Dr. Julian Kawohl

Welche internen Strukturen sind denn in Ihren Augen funktional bzw. nicht funktional, wenn man Innovation und Kreativität stärken möchte?

Formalismus, Prozesse und Hierarchie sind starke Verhinderer von Kreativität und Innovation. Prozesse sind gut, um Servicelevels und Produktqualität zu erreichen. Aber Prozesse sind sehr hinderlich dabei, Kreativität zu entfalten, weil sie Denkrahmen setzen, somit Denkfreiheiten bremsen und langsam sind. Deshalb braucht es Kulturen und Vorgehen, in denen man Fehler machen und ausprobieren darf und in denen nicht alle paar Wochen nach einem Report gefragt wird, den man in die richtige Richtung »tunen« muss, weil man sonst nicht weitermachen darf. All diese »Controlling-Mechanismen des Controllings wegen«, die man sehr häufig in großen Organisationen hat, sind total schädlich. Und das Zweite ist das Thema Hierarchie und die Frage, wie man letztendlich Hierarchie anders denken und gestalten kann. Und dabei rede ich jetzt nicht nur von flacher Hierarchie, sondern ich rede von ganz anderen Arten, sich zu organisieren. Eben nicht in Befehlsketten von vier bis fünf – oder sogar noch mehr – Hierarchiestufen, bei denen ein Konzern schon stolz ist, wenn er mal eine davon abschafft. Es geht vielmehr um die Frage, ob man nicht noch Aufgaben und Fähigkeiten organisieren kann und somit Mitarbeitern die Möglichkeit bietet, ihre Talente in vitale Systeme einzubringen. Damit dreht man die ganze Controlling-Logik in Richtung Vertrauen.

Was meinen Sie genau mit »Controlling-Logik«?

Durch Controlling-Logik dominiert sind für mich die Systeme, in denen sehr viele schlaue Leute ständig anderen schlauen Leuten auf die Finger schauen, ob sie ihre Arbeit richtig machen. Dann gibt es viele Meetings und Lenkungsausschüsse, in denen Rechtfertigungsarien erfolgen.

Kennen Sie denn Unternehmen, die anders arbeiten?

In der Start-up-Szene gibt es das häufiger, beispielsweise bei Spotify oder Evernote, die teilweise mit Holacracy arbeiten und so sehr kreativ sind. Viele kleinere Start-ups funktionieren und arbeiten ähnlich – explizit oder implizit, ohne es bewusst zu wissen. Und auch Google als Großkonzern ist ganz anders organisiert, dort gibt es zwar Hierarchien, aber wenn man das vergleicht mit traditionellen, auch deutschen Industriekonzernen, ist dort einfach die Innovationsdenke und die Flexibilität viel größer. Es ist die Herausforderung für unsere Großkonzerne, zu durchdenken, wie das auch für sie gehen kann. Das ist enorm wichtig auch für die Anziehung auf junge Talente. Für sie ist der Freiraum, durch den die Innovations- und Umsetzungsfähigkeit bestimmt wird, enorm wichtig. Start-ups erlauben einfach eine viel höhere Umsetzungs- und Innovationsgeschwindigkeit – und Konzerne müssen überlegen, wie sie das bei sich auch mehr etablieren können, um überhaupt noch junge Talente anzuziehen. Das ist sehr einfach gesagt und sehr schwer getan, denn die Hierarchie muss diesen Prozess unterstützen, und Hierarchie ist auch mit Status, Macht und Besitzständen verbunden und mag eine solche Veränderung nicht. Aber genau solche Gedanken und Veränderungsimpulse braucht es, um Innovation und Kreativität freizusetzen, damit derjenige, der kreativ ist, nicht gleich etwas auf die Finger bekommt, wenn es nicht sofort funktioniert. Ich selbst bin der festen Überzeugung, dass es anders gehen kann und auch muss als heute.

Der Tod des Homo oeconomicus

Bevor wir zu den Lösungen kommen, müssen wir noch einen weiteren Missstand anschauen: die weitverbreitete Theorie vom »Homo oeconomicus«, die jeder Wirtschaftswissenschaftler in seinem Studium sehr früh kennenlernt und die letztlich auch vielen Strategien, Strukturen und Prozessen in den Unternehmen zugrunde liegt. Diese Theorie geht vom Menschen als rationalem Agenten aus, der wichtige Entscheidungen nach reiflicher Überlegung trifft und alle Informationen nutzt, die ihm zur Verfügung gestellt werden. Es ist ein typisch »oranges« Modell, das von Berechenbarkeit und Ratio ausgeht – und es ist nicht verwunderlich, dass es in jüngster Zeit widerlegt wurde. In den letzten zehn Jahren sind beispielsweise von dem Juristen Cass Sunstein und dem Volkswirt Richard Thaler im Buch »Nudge« oder auch vom Nobelpreisträger Daniel Kahnemann in seinem Buch »Schnelles Denken, langsames Denken« Irrtümer nachgewiesen worden, die zum langsamen Tod des Homo oeconomicus geführt haben. Thaler und Sunstein prägten die beiden Begriffe Econs (für den Homo oeconomicus) und Humans (für den Menschen) und zeigten auf, dass es den Econ nur in der Theorie gibt. Es ist hilfreich für die Wirtschaft, dass mit Daniel Kahnemann ein Psychologe den Nobelpreis für Wirtschaftswissenschaften erhielt. Ist es doch vor allem die Psychologie, die uns verstehen lässt, warum auch der in der Wirtschaft tätige Mensch so handelt, wie er handelt. Kahnemann zeigt menschliche Verhaltensweisen auf, die ein Econ niemals haben würde. Thaler, Sunstein und Kahnemann helfen so mit ihrer Forschung, die orange Stufe zu überwinden, indem sie dem Weltbild des Econs Gefühle, Neigung und Irrtum hinzufügen. Im Folgenden nenne und erkläre ich wesentliche von Menschen ständig begangene Denk- und Verhaltensfehler, die beweisen, dass wir definitiv nicht so rational sind, wie »Orange« uns gerne hätte (Quelle: Daniel Kahnemann 2004).

Priming: In Menschen entstehen leicht Urteile durch bestimmte Reizworte, die individuell und gesellschaftlich geprägt sind. Sie führen zu vorschnellen Urteilen und Einschätzungen und verhindern eine vollständige, abschließende Befassung mit der Materie.

WYSIATI-Regel: What you see is all there is: Menschen neigen dazu, alle ihnen zu einem bestimmten Zeitpunkt vorliegenden Informationen so zu bewerten, als gäbe es keine weiteren Informationen. Durch diese Hypothese wird der Prozess der weiteren Suche nach Informationen blockiert.

Enges Framing: Framing bedeutet, dass schon unterschiedliche Formulierungen der gleichen Botschaft zu unterschiedlicher Aufnahme und Entscheidung führen. Beispielsweise stimmen Menschen einer Behandlung oft zu, wenn sie hören, dass fünf Jahre nach der Behandlung 90 Prozent der Patienten gesund und am Leben sind, während die Aussage, dass nach fünf Jahren 10 Prozent der Patienten gestorben sind, vermehrt zur Ablehnung der Behandlung führt.

Innenperspektive: Menschen neigen dazu, Planungen auf Basis einer Abschätzung ihrer eigenen Handlungsmöglichkeiten zu machen. Psychologisch führt das zu überhöhtem Optimismus. Statistiken und auch das Verhalten von Wettbewerbern werden dabei weitgehend ausgeblendet. Die eigene Innenperspektive determiniert so die Handlung.

Präferenzumkehr: Menschen neigen dazu, eine Option mit einem kleineren, sicheren Gewinn einer Option mit einem höheren, unsicheren Gewinn vorzuziehen, auch wenn rational die Option mit dem höheren Gewinn den größeren Gesamtwert hat.

Durch die Forschungsergebnisse der jüngsten Zeit, die zeigen, dass wir es also in der Wirtschaft mit Humans zu tun haben, kommt Bewegung in die Wirtschaftswissenschaften, und gerade auch darauf begründet sich mein Impuls, das herkömmliche hierarchiegetriebene Betriebssystem der Unternehmen zu überdenken, um den Anforderungen der heutigen Zeit gerecht zu werden. So macht sich die Hirnforscherin Tania Singer, die Leiterin des Max-Planck-Instituts in Leipzig, Gedanken um den Einfluss der Empathie, die jeder Mensch hat. Gerade diese Fähigkeit macht für die Forscherin deutlich, dass der Mensch kein Econ ist, sondern ein Human. Sie hat belegt, dass die allermeisten

Menschen eine natürlich-intuitive Fähigkeit zur Empathie, das heißt zum Mitfühlen haben. Und sie verfolgt die Forschungsfrage, warum diese Fähigkeit in der Wirtschaft oft nicht eingesetzt wird und man dort eine Art Blockade dieser Reaktion gegenüber erkennen kann. Dabei ist sie auf die Erkenntnis gestoßen, dass zuvor beobachtetes unfaires Verhalten anderer Menschen dazu führt, dass man in Gruppen selbst ebenfalls weniger empathisch reagiert.

Im Kontext von Unternehmen ist mir deshalb klar geworden, dass die Mitarbeiter auf den Stellenwert, die Ansprache und das Vorgehen reagieren, welches durch das Verhalten der Führungskräfte auf der Vorderbühne repräsentiert wird. Wenn es das Anliegen von Unternehmen ist, Mitarbeiter zu haben, die über die eigene Selbstoptimierung hinaus motiviert sind, Verantwortung übernehmen, unternehmerisch denken und handeln und das Unternehmen nicht nur als Lohnzahler betrachten, müssen diese Unternehmen einen entsprechend gestalteten, durch Werte getragenen und konsistenten Erfahrungsraum erschaffen. Die Menschen im Unternehmen brauchen also neben Strukturen, die ihnen helfen, die Kahnemann'schen Denk- und Urteilsfehler zu erkennen und zu überwinden, auch eine Umgebung, die menschlich, empathisch und einfühlsam gestaltet ist. Und hier spaltet sich der Erfahrungsraum oft in die bereits mehrmals erwähnte Vorder- und Hinterbühne. Viele Vorgesetzte zweifeln in Einzelgesprächen oder in inoffiziellen Runden den Sinn vieler unternehmensinterner Vorgehensweisen an. Sie zeigen dort Mitgefühl für die Auswirkungen und Erfahrungen der Mitarbeiter, für deren Infragestellen von Entscheidungen und die vielfach vorhandene Überforderung. Das ist die empathische Hinterbühne. Die offizielle Vorderbühne jedoch ist geprägt vom inhaltlichen Mittragen und der Durchsetzung der Entscheidungen, die oft selbst nicht verstanden oder gebilligt werden. Es ist die undankbare Aufgabe der Mitarbeiter der mittleren Ebenen, diese Vorder-und Hinterbühne zu bespielen. Sie stehen im Spannungsfeld zwischen der Angst vor der Hierarchieebene ganz oben und dem empathischen und auch inhaltlichen Verstehen der Argumente und Herausforderungen der eigenen Mitarbeiter – und sie müssen diese innere Spannung aushalten.

Eine Anerkenntnis des Unternehmens, es mit Humans zu tun zu haben, würde bedeuten, dass sich die oberste Hierarchieebe ihrer angsteinflößenden Stellung bewusst wird und mit der mittleren Ebene eine Gesprächskultur pflegt, in der es erwünscht ist, Einwände und Bedenken zu erörtern. Der Dialog könnte seinen Anfang in einer Begegnung auf Augenhöhe zwischen Vorstand und erster Ebene nehmen. Ein solcher Dialog hätte Volkswagen definitiv davor bewahrt, das Diesel-Schummel-Desaster zu produzieren.

Mythos Motivation

Es gibt jedes Jahr erneut erschreckende Zahlen, die belegen, welche Motivationslage bei deutschen Arbeitnehmerinnen und Arbeitnehmern herrscht. 72 Prozent der Deutschen arbeiten in erster Linie nur, um Geld zu verdienen. 49 Prozent sind insgesamt nicht zufrieden mit ihrer Arbeitsstelle, von ihnen wünschen sich 14 Prozent mehr Abwechslung und 10 Prozent mehr Spaß (Quelle: Philosophie Magazin, Ausgabe 6, 2015). Stellt man sich die Arbeitnehmerschaft einer Organisation als eine Art Motor vor, so entspricht diese Lage einem Achtzylindermotor, der nur auf vier Zylindern fährt. Das Rennen von Le Mans gewinnt man so sicher nicht. Und weil das in den Unternehmen durchaus klar ist, gibt es landauf, landab eine ganze Reihe von Seminaren mit Titeln wie »Wie motiviere ich meine Mitarbeiter?« oder »Motivation leicht gemacht«. Viele dieser Seminare suggerieren, es gäbe Patentrezepte für die menschliche Motivation. Einige behaupten auch, Motivation sei gar nicht möglich, vielmehr ginge es um Inspiration. Wiederum andere sagen, dass der Mensch letztlich nur intrinsisch motiviert sei und eine extrinsische Motivation, beispielsweise durch Leistungsanreize, kontraproduktiv wäre.

Ich möchte die Motivationsfähigkeit von Mitarbeitern einmal durch die Brille des Stufenmodells anschauen, weil ich glaube, dass es sehr unterschiedliche innere Motivatoren und äußere Anreize bei Menschen gibt – je nachdem, wo sie in ihrer Entwicklung stehen. Letztlich basieren die Handlungsmotive von Menschen doch auf den dominanten Bedürfnissen. Und die Bedürfnisse lassen sich im Stufenmodell sehr einfach ablesen. Auf der beigen Stufe geht es um das Überleben durch Nahrung. Die violette Stufe weckt das Bedürfnis nach Zugehörigkeit zur Gruppe. Das Kernbedürfnis der roten Stufe ist Einfluss und Macht, während es Menschen auf der blauen Stufe um Ordnung und Systematisierung geht. Auf der orangen Stufe werden dem Menschen Leistung und deren gesellschaftliche und auch monetäre Anerkennung zum Bedürfnis. Diese Stufe entwickelt sich dann weiter zu »Grün«, und hier geht es um Gleichberechtigung und Gleichbehandlung der Menschen untereinander. Darauf folgt die gelbe Stufe mit ihrem Kernbedürfnis nach Selbstverwirklichung. Ich habe es aus Gründen der Komplexitätsreduktion zwar bisher nicht aufgeführt, möchte es aber hier nun doch erwähnen: Das Modell weist nach der gelben Stufe eine weitere Stufe aus – die türkise Stufe. Das Kernbedürfnis der Menschen hier ist Selbsttranszendenz, was bedeutet, über die eigenen Bedürfnisse hinauszuwachsen und zu etwas die eigene Person Übersteigendem beizutragen.

> **Die Handlungsmotive von Menschen basieren auf den dominanten Bedürfnissen.**

Da die heutigen Organisationen vor allem von Menschen mit »oranger« Prägung in einem durch den Kapitalismus beeinflussten Umfeld für ihresgleichen gestaltet wurden, zielen die vorhandenen Motivationsstrukturen auf die Bedürfnisse Existenzsicherung, Zugehörigkeit, Verlässlichkeit, Macht und Leistung ab. Um diese Bedürfnisse zu befriedigen, setzen die Unternehmen sowohl auf strukturelle Motivationstools wie beispielsweise Boni, Firmenwagen, Titel oder Leistungsbeurteilung. Und auch die Führungskräfte denken und handeln in diesem Bedürfnisrahmen. Was genau bedeutet das aber, da ja nur 35 bis 40 Prozent der Mitarbeiter tatsächlich von der orangen Stufe geprägt sind und somit durch die hier verwendeten Tools und dieses Führungsverhalten erreichbar sind? Es bedeutet schlicht, dass alle Menschen mit einem dominant »grünen« Bedürfnis nach Gleichberechtigung und Gleichbehandlung sowie Menschen mit einer »gelben« Bedürfnisstruktur weder durch die Motivationstools noch durch das Denken und Handeln der Führungskräfte erreicht werden. Und da heute in Deutschland rund 30 Prozent der Menschen in diesen beiden Entwicklungsstufen sind, werden viele von ihnen in den Organisationen einen Teil der demotivierten Masse stellen. Man könnte sagen, dass es nicht wichtig ist, die internen Motivationsstrukturen des Unternehmens zu verändern, weil immerhin insgesamt 70 Prozent der Mitarbeiter davon noch erreicht werden können. Dramatisch daran ist aber, dass der Anteil der Erwachsenen auf der grünen und gelben Stufe durch die Digital Natives und die Generation Y immer mehr wächst. Gleichzeitig wird die Gruppe von Mitarbeitern älterer Jahrgänge, die noch sehr »blau« geprägt sind, naturgemäß kleiner. Es findet also eine Verschiebung des Schwerpunkts der Mitarbeiter in Richtung der grünen und gelben Stufe statt. Und die Organisationen sind heute nicht in der Lage, diese Menschen in ihrer Bedürfnisstruktur adäquat und motivierend anzusprechen.

Gerade die High Potentials dieser Gruppe, also jene Menschen mit sehr hohem Bildungsniveau, viel Energie, gutem Auftreten, ausgeprägter Kommunikations- und Empathiefähigkeit, Kreativität und Willen zum Erfolg, erleben deshalb die großen Organisationen oftmals als absolut frustrierend. Es wird gesehen, dass die ganze Art, wie das Unternehmen funktioniert, eben nur auf Macht, Ordnung und Leistung basiert und dass Werte wie menschliche Gemeinschaft auf Augenhöhe, angstfreie Kommunikation unter Gleichen und Spaß bei der Arbeit durch Nutzung der eigenen Talente keine wichtige Rolle in der Kultur des Unternehmens spielen. Genau das führt dazu, dass die Unternehmen zu Monokulturen werden, weil gerade die High Potentials die Unternehmen fluchtartig wieder verlassen – oder erst gar nicht Teil von ihnen werden wollen. Es geht also für die Konzerne wirklich darum, dass sie sich der Frage stellen, wie die eigene Struktur und Kultur weiterentwickelt werden muss und kann, um diesen Menschen einen motivierenden Arbeitsplatz zu bieten.

Elemente des Neuen

Was ist ein Unternehmen eigentlich? Ich würde sagen, das hängt davon ab, auf welcher Stufe des Entwicklungsmodells man sich befindet und welche Perspektive man also hat. Die beste Metapher für Unternehmen von der orangen Stufe aus betrachtet ist sicherlich die Maschine. Strategie, Effizienz und Zielorientierung sind hier die wichtigsten Parameter einer Organisation. Auf der grünen und gelben Stufe verändert sich aber diese Sichtweise – und vor allem die Generation Y hat eine ganz andere Antwort auf diese Frage. Die Möglichkeit, kreativ und eigenverantwortlich zu handeln, die eigene Selbstverwirklichung durch den Beruf, eine angemessene Work-Life-Balance oder auch das Arbeiten für ein Unternehmen, welches ethisch und moralisch korrekt handelt, werden immer wichtiger. In Kombination mit der hohen Nachfrage der großen Unternehmen nach High Potentials und deren niedriger Motivationslage, für eben jene zu arbeiten, führt zu einer großen Bedrohung für die Unternehmen und zur Notwendigkeit, sich zu entwickeln. Schaffen sie diesen Schritt nicht, verbleiben sie auf der orangen Leistungsstufe und werden die Herausforderungen der vernetzten, digitalen, zunehmend »grün-gelben« Welt nicht meistern können.

Unternehmen neu definiert

Ich behaupte, dass die Unternehmen andersdenkende Mitarbeiter unbedingt als ihre wichtigsten Stakeholder betrachten müssen. Denn nur ihre Kreativität und ihr Wissen über Vernetzung und Digitalisierung bewahrt die Unternehmen mittelfristig vor dem schleichenden Tod. Es geht dabei um nicht weniger als um die Erschaffung einer neuen Unternehmensidentität, die das bisherige leistungsorientierte, effizienz- und zielgetriebene Handeln um andere Ziele und Vorgehensweisen erweitert. Es geht um eine Unternehmensidentität, die anerkennt, dass ein Unternehmen ein Geflecht aus Menschen mit vielerlei Bedürfnissen ist und dass die Zufriedenheit im Beruf zu optimaler Leistungserbringung führt.

Die Metapher für ein solches Unternehmen kann die Familie sein. Die Mitarbeiter sind Teil dieser Familie, halten zusammen, helfen einander und sind füreinander da. Sie reiben sich, sind wechselseitig verbunden und vernetzt, wachsen aneinander und ermutigen sich, das jeweils Beste zu leisten, zu dem sie fähig sind. Wie in einer Familie gibt es dort ganz unterschiedliche Rollen und Platz für vielfältige Talente. Es gibt Raum für Entwicklung und jeder Mensch ist gleichwertig. Es herrscht ein Vertrauen darauf, dass nur mit diesem Herangehen jeder sein Bestes geben kann und will. Ein Unternehmen, das bereits in dieser Haltung gegründet wurde, ist der dm-Drogeriemarkt. Der Gründer Götz Werner richtet seine Unternehmensphilosophie auf Persönlichkeitsentwicklung, Vertrauen und Kreativität aus. Das Unternehmen stützt sich auf die Grundwerte Verständnis und Respekt. Führungskräfte praktizieren das Prinzip der dialogischen Führung, bei dem der Dialog und das Verstehen der Anweisung am wichtigsten sind. Prämien und Bonussysteme, so wie sie in Unternehmen der orangen Stufe zu finden sind, betrachtet er als permanentes Misstrauen gegenüber der Leistungsbereitschaft seiner Mitarbeiter.

Neben der Identität braucht es aber auch neue Strukturen. Das Betriebssystem aus Hierarchie und Kontrolle, das sich in pyramidalen Organigrammen niederschlägt, löst Angst aus. Und Angst verhindert Eigenverantwortung, Mitdenken und Kreativität. Ein so organisiertes Unternehmen kann es selbst bei größter Anstrengung nicht schaffen, das Potenzial seiner Mitarbeiter besser zu nutzen, als es heute in der Regel der Fall ist. Es ist vor allem auch die Struktur, die dazu führt, dass Unternehmen deutlich unter ihren Möglichkeiten bleiben und mit diesem Vorgehen mittelfristig den digitalen Wandel kaum bewältigen werden. Wenn Unternehmen erkannt haben, dass sie auf die am Anfang des Buchs beschriebene Hyperkomplexität und auf die aus ihr resultierenden Veränderungsnotwendigkeiten der kommenden Jahre keine adäquate Antwort haben, ist dies ein wichtiger erster Schritt.

Die Unternehmens-strukturen bestimmen, wie Mitarbeiter sich verhalten.

Unternehmen können diesen Umgestaltungsweg beispielsweise so starten, wie es auch Jos de Blok, der Gründer von Buurtzorg, in dem Interview weiter hinten im Buch rät:»Unternehmen müssen sich fragen, ob ihre Strukturen Engagement fördern.« Er empfiehlt auch, sich die Frage zu stellen, ob man genug Engagement bei den eigenen Mitarbeitern sieht. Leider beantworten viele Managementteams die Frage vorschnell mit einer direkten, oft erprobten Reaktion, indem sie den Antrieb erhöhen oder Effizienzprojekte durchführen. Dadurch wird Druck auf die Mitarbeiter ausgeübt. Wenn das aber die Reaktionen des Unternehmens sind, behaupte ich, dass das Unternehmen seine Mitarbeiter völlig unterschätzt, denn die Maßnahmen wären nur dann adäquat, wenn die Mitarbeiter sich nicht anders verhalten wollen. Definitiv liegt es aber nicht am Wollen der Mitarbeiter. Das gezeigte Verhalten der Mitarbeiter ist konsequent richtig und eine Antwort auf das Betriebssystem aus Hierarchie und Kontrolle. Die Mitarbeiter können also nicht anders, als sich so zu verhalten, wie sie sich verhalten. Hilfreich wäre demnach eine selbstreflexive Antwort des Unternehmens: »Vermutlich sind unsere Strukturen und unsere Kultur so, dass sich unsere Mitarbeiter so verhalten, wie sie sich verhalten.« Dieser Antwort läge ein Menschenbild zugrunde, das auf Vertrauen gegenüber den Menschen an sich und den eigenen Mitarbeitern fußt.

Doch nicht nur die Bedürfnisse der Mitarbeiter sind ein wichtiger Faktor für die Gestaltung von Unternehmensstrukturen, weil aus ihrer Befriedigung für das Unternehmen Motivation, Effizienz und Innovation erwachsen. Mit der Einführung des Leitindexes der Deutschen Börse im Jahre 1988, dem DAX, haben die in ihm vertretenen Unternehmen angefangen, sich der breiten Öffentlichkeit vor allem durch ihre Kapitalperformance zu präsentieren. Die Bewertung des Unternehmens durch die Analysten hat dadurch einen großen Einfluss bekommen. Aus diesem Grund dienen sehr viele Maßnahmen in den

Unternehmen dazu, mit dem nächsten Quartalsbericht zu glänzen. Da große Unternehmen aber niemals in Quartalsrhythmen steuer- oder gar verbesserbar sind, ist der Einfluss, den die Analysten so auf das Handeln im Unternehmen haben, sehr schädlich. Er lenkt die Kräfte im Unternehmen davon ab, mittel- bis langfristig kluge und nachhaltige Entscheidungen zu treffen. Außerdem gibt er der Gewinnerzielung einen enorm hohen Stellenwert – und zwar nicht mehr als Ergebnis einer sinnstiftenden Tätigkeit, sondern als Selbstzweck.

Die Messung des Unternehmenserfolgs rein an Finanzkennzahlen ist ein typisches Symptom der orangen Leistungsstufe. Weiter entwickelte Unternehmen geben dem einen anderen Stellenwert. Für sie sind die Aktionäre nur eine Interessengruppe unter vielen. Die Unternehmen haben eine Verantwortung gegenüber dem Management, den Mitarbeitern, den Kunden, den Zulieferern, dem Mikrokosmos innerhalb der Gesellschaft, in den sie eingebettet sind, der Gesellschaft als Ganzes, der Umwelt und eben den Aktionären. Möglicherweise werden Sie nun einwenden, dass die DAX-Unternehmen doch ebenso denken und handeln und das in den sogenannten »CSR-Berichten« (Corporate Social Responsibility Reports) darstellen. Doch es gibt klare Unterscheidungsmerkmale, an denen Sie feststellen können, welchen Stellenwert das Unternehmen den unterschiedlichen Interessengruppen gibt. Ein Unternehmen der orangen Leistungsstufe fasst im CSR-Bericht jährlich rückwirkend die Aktivitäten so zusammen, dass sie durch die Brille einer bestimmten Interessensgruppe (z. B. der Umweltaktivisten) betrachtet ein gewisses Bild erzeugen. Der Bericht wird als Pflicht betrachtet.

Ganz anders gehen Unternehmen vor, die sich bereits stärker in Richtung der grünen und gelben Stufen entwickelt haben. Ein Beispiel hierfür ist das amerikanische Unternehmen »Patagonia«, ein Hersteller von Outdoor-Bekleidung und -Equipment. Patagonia arbeitet eng mit seinen Zulieferern zusammen, um die Arbeitsbedingungen für deren Mitarbeiter zu verbessern. Es ist außerdem ein wichtiges Anliegen, den Schadstoffausstoß und den Wasserverbrauch bei der Produktion zu senken. Man geht dort sogar so weit, dass man in Marketingkampagnen die Kunden aktiviert, sich die Frage zu stellen, ob neue Bekleidung für sie wirklich notwendig ist. Für die verkaufte Kleidung bietet man einen Reparatur- und einen Recycling-Service an. Ein Manager eines »orangen« Unternehmens würde dazu sagen: »Es wundert mich, dass Patagonia trotz dieses Vorgehens erfolgreich ist.« In einer solchen Äußerung liegt das ganze Dilemma der »orangen« Unternehmen begründet. Denn man kann sehen, dass Patagonia nicht trotz dieser Verhaltensweisen erfolgreich ist, sondern gerade wegen ihr. Patagonia kümmert sich authentisch um die Dinge, die auch den eigenen Kunden am Herzen liegen. Man ist Teil einer Community, teilt ähnliche Werte und Weltsichten, drückt diese durch sein unternehmerisches Handeln aus und ist deshalb erfolgreich. Also gibt es keine geschminkten Marketingversprechen, sondern vorgelebte Glaubwürdigkeit. Es ist exakt dieses Bewusstsein, das in der globalen Community entsteht. Es geht um einen humanen Umgang mit Menschen, um nachhaltiges Wirtschaften, um die Übernahme von Verantwortung über Unternehmensgrenzen hinweg und den schonenden Umgang mit den begrenzten Ressourcen der Welt. Patagonia wurde bereits aus diesem Impuls heraus gegründet. Der Gründer war ein begeisterter Bergsteiger und Kletterer und hatte auf seinen Touren bemerkt, wie stark die Sicherungshaken, die in den Fels geschlagen werden, die Felsen zerstören. In den Löchern sammelte sich Wasser, das im Winter gefror und durch die Ausdehnung den Fels rissig und brüchig machte. Es entstand in ihm der Wunsch, die Umwelt nicht so zu behandeln, und er entwickelte einen Klemmhaken aus Alu, der die gleichen Sicherungseffekte hat wie die in den Fels geschlagenen Haken. Man kann ihn aber ohne Beschädigung des Felsens nutzen. Das war für Patagonia ein Erfolgsbringer, und die Haken verkaufen sich weltweit.

Konsumenten werden ihr Kaufverhalten immer stärker daran ausrichten, wie das Unternehmen sich in Bezug zu globalen und gesellschaftlichen Probleme unserer Zeit verhält. Das lässt sich nicht verhindern, denn es entspricht der Haltung der Digital Natives – und sie sind die Majorität der Konsumenten und die Mitarbeiter von morgen. Man kommt an ihrem Einfluss nicht vorbei. Manager in Unternehmen der orangen Leistungsstufe brauchen deshalb einen Handlungsleitfaden, der sich an allen relevanten Stakeholdern orientiert und ihre Bedürfnisse ausbalanciert.

Der verbindende Sinn

Wenn ein Mensch sich entscheidet, ein Unternehmen zu gründen, tut er das meistens, weil er findet, dass die Produkte oder Dienstleistungen seines Unternehmens für andere Menschen nützlich sind. Dadurch wird ein Sinn gestiftet. Wenn dieses Unternehmen wächst und andere Mitarbeiter dazukommen, erleben diese den Sinn oft nur noch mittelbar. So begegnet man in der Buchhaltungsabteilung eines Krankenhauses dem Nutzen der Krankenpflege nicht direkt durch das eigene Handeln, sondern unterstützt das Gesamtsystem dabei, die Leistung erbringen zu können. Je enger allerdings der Kontakt zum eigentlichen Sinn des Unternehmens ist, desto mehr fühlt sich ein Mitarbeiter gebraucht. In inhabergeführten Unternehmen kommt dem Gründer eine sinnvermittelnde Rolle für viele Mitarbeiter zu. Je kleiner ein Unternehmen ist, desto unmittelbarer kann ein Mitarbeiter erkennen, wie er zur inhaltlichen Leistung des Unternehmens beiträgt. Im Kontext des weiteren Wachstums von Unternehmen und der Übernahme von Führungspositionen durch angestellte Manager erodiert dieser Sinn oft. Es ist den Managern dabei kaum ein Vorwurf zu machen, denn oft fehlt es ihnen an Vorbildern, die den Sinn eines Unternehmens vermitteln können. Erschwerend wirkt auch, dass in vielen Unternehmen die Kapitalmarktorientierung mit ihren Anforderungen nach stetigem Wachstum dazu geführt hat, dass der Jahresgewinn und die Rendite zum Sinn des Unternehmens erklärt worden sind.

Schaut man sich an, wie Unternehmen die Leistung ihrer Mitarbeiter bewerten, so erkennt man, dass es eigentlich immer einen Ruf nach quantifizierbarer Messung der Leistung gibt. Großunternehmen mögen es am allerliebsten, wenn die Leistung von Mitarbeitern direkt in Zahlen als Umsatz, Kosten oder produzierten Stückzahlen messbar ist. Auf diese Art wird dem gesamten Unternehmen vermittelt, dass alle gemeinsam eine quantifizierbare Masse sind, in der jeder Einzelne dazu beiträgt, am Ende den Jahresgewinn oder die Rendite zu mehren. Nicht ver-

> **Viele mögen es leider am allerliebsten, wenn die Leistung von Mitarbeitern direkt in Zahlen messbar ist.**

wunderlich ist deshalb auch, dass die meisten Mitarbeiter ihr Unternehmen vor allem deshalb schätzen, weil am Ende des Monats regelmäßig Geld auf dem Konto landet. Sie beantworten die quantitative, zahlenfokussierte Steuerung des Unternehmens mit einer ebenfalls quantitativen Anforderung. Damit bleibt das Unternehmen weit hinter seinen Möglichkeiten zurück und unterschätzt die motivatorische Wirkung eines Sinnzusammenhangs für die eigene Arbeit stark.

Sehr klar zeigt sich, was der Sinnverlust bedeutet, derzeit im Silicon Valley, wo es einen Mangel an IT-Programmierern gibt. Die Programmierer werden dort sehr gut bezahlt, aber das Gehaltsniveau hat sich in den Unternehmen übergreifend am oberen Rand eingependelt und ist somit überall ungefähr gleich hoch. Auch andere Leistungen der Unternehmen sind austauschbar, sodass sich die Frage stellt, nach welchen Kriterien man entscheiden soll, wo man arbeitet. Für die Programmierer spielt daher weitestgehend eine Rolle, ob das Unternehmen eine Leistung erbringt, die dem Wohl der Weltgemeinschaft nützt – oder mindestens nicht schadet. Dieses Denken entspringt der bereits erwähnten Stufe »Türkis«, es geht über die Ichbezogenheit hinaus, transzendiert den persönlichen Nutzen. Die Programmierer möchten, dass das Unternehmen, für das sie arbeiten, einen guten Beitrag in der Welt leistet. Ich leite daraus ab, was das für unsere Unternehmen heute schon bedeutet: Alle Menschen, die mittelfristig für Führungspositionen infrage kommen, sind Digital Natives. Durch die geburtenschwachen Jahrgänge und den Rückgang der Bevölkerung bei gleichzeitigem Wirtschaftswachstum wird die Nachfrage nach High Potentials weiter ansteigen. Deshalb werden sie mittelfristig in eine ähnlich starke Position wie die beschriebenen Programmierer kommen. Gerade Unternehmen, die nachweislich einen offensichtlichen negativen Einfluss auf die Welt haben, wie beispielsweise Mineralölkonzerne, Großbanken, Waffenlieferanten, aber auch Firmen, die in Drittländern unter Missachtung der Menschenrechte produzieren, wie Billigtextilketten oder Unterhaltungselektronikunternehmen, werden künftig kaum noch Top-Talente finden. Gleichzeitig arbeiten in jeder dieser Branchen (ausgenommen vermutlich der Waffenindustrie) derzeit schon Start-ups weltweit an Alternativen. Und das mit einem Team, das die Digitalisierung schon im Blut hat und direkt vom

Start weg mit einer anderen Organisationsstruktur und einer anderen Kultur beginnt.

Sie sehen, welches Gewicht der Sinn des Unternehmens in Zukunft bekommen wird. Wenn man herausfinden möchte, wie ein Unternehmen mit dieser Ressource umgeht, kann man das auf zweierlei Art tun. Aber nur die eine Art beantwortet tatsächlich die gestellte Frage. Fragt man beispielsweise eine Mitarbeiterin im Marketing, ob sie weiß, welchen Nutzen und Sinn ihre Arbeit im Kontext des Unternehmens hat, wird sie das genau erklären können. Viele Führungskräfte lassen sich so täuschen, denn die Mitarbeiterin hat durch diese Antwort nur gezeigt, dass sie rational herleiten kann, in welchem Zusammenhang ihre Arbeit mit der Leistung des Unternehmens steht. Was man so nicht erfährt, ist, ob die Mitarbeiterin sich als wertvoller Bestandteil des Unternehmens fühlt und ob sie ihre Arbeit als sinnvoll bewertet. Will man das herausfinden, muss man auf eine andere Art fragen. Man muss auf die Intuition und das Gefühl der Mitarbeiter abzielen anstatt auf ihren Kopf und ihr Denken. ›Haben Sie das Gefühl, mit Ihrer Arbeit etwas Sinnvolles zu tun? Finden Sie es wichtig und richtig, was das Unternehmen tut? Motiviert Sie für Ihre Arbeit, was wir produzieren? Fühlen Sie sich mit Ihrer Arbeit als wichtiger und geschätzter Mitarbeiter in diesem Unternehmen?« Mit diesen oder ähnlichen Fragen findet man heraus, wie es um den Sinn in einem Unternehmen bestellt ist.

Wenn sich für einen Menschen sein individueller Sinn mit dem des Unternehmens, in dem er arbeitet, deckt, entsteht eine fast magische Verbindung, bei der dann viele Menschen davon sprechen, ihre Berufung gefunden zu haben. Die Arbeit ist kein Job mehr, der vor allem dem Gelderwerb dient, sondern wird als erfüllend empfunden. Es ist klar, dass ein solches Umfeld nicht leicht verlassen wird und seine Bindungswirkung auf die Mitarbeiter sehr hoch ist. Unternehmen, die einen bewussten Umgang mit Sinn und Werten gefunden haben, vertrauen darauf, dass die Organisation ein lebendiges System ist. Sie führen und unterstützen deshalb einen beständigen Dialog mit allen Mitarbeitern über die Frage »Was sollen wir als Unternehmen tun?«. Mit dieser Frage richtet die Gesamtorganisation sich darauf aus, welchen Nutzen sie stiften will. Es ist ihre Art, die Unternehmensstrategie zu gestalten. Einerseits helfen dieses Wissen und diese Mitgestaltung allen Mitarbeitern dabei, abzuleiten, wie die eigene Tätigkeit diesen Nutzen bestmöglich unterstützen kann. Und andererseits hilft das Verstehen des größeren Nutzens dem Einzelnen dabei, in seiner Tätigkeit auch das große Ganze zu unterstützen und weniger nur den eigenen Bereich zu pflegen.

Werte als Basis

Sinn und Werte sind quasi siamesische Zwillinge. Gibt der Sinn die Antwort auf die Frage »Warum tut ein Unternehmen etwas?«, so geben die Werte Hinweis darauf »Wie tut ein Unternehmen etwas?«. Die Werte bestimmen Normen, die wiederum der Art und Weise des Handelns aller im Unternehmen Beschäftigter zugrunde liegen. Lassen Sie mich dies am Beispiel des Pflegedienstes Buurtzorg erklären. Der Gründer Jos de Bloks vertritt Werte, die ihm sagen, dass Arbeit jedem Menschen Freude und Sinn machen sollte. Das fußt auf einem tiefen Vertrauen in die Kompetenz der Menschen, eigenverantwortlich handeln zu können und auch zu wollen. Ein weiterer seiner Werte ist, dass menschlicher Kontakt zwischen Patient und Krankenpfleger nötig ist, um eine Welt zu erschaffen, in der der Patient möglichst schnell gesund wird. Weil das seine Werte sind, hat er Buurtzorg gegründet. Er kann sie nun in seinem Unternehmen konsequent verwirklichen, indem er Strukturen geschaffen hat, die seine Werte unterstützen und beschützen. Es scheint aber so zu sein, dass viele Krankenpfleger und Patienten sein Wertegefüge teilen – und dadurch Buurtzorg zu seinem überragenden Erfolg verhelfen. Das Unternehmen ist ein sehr gutes Beispiel, wie Werte den Handlungskorridor von Mitarbeitern definieren. Bei den Mitarbeitern von Buurtzorg gehen so die unternehmerischen Werte eine kraftvolle Allianz mit den individuellen der Mitarbeiter und Patienten ein.

Schauen wir uns an, wie das dagegen in den großen Konzernen oft ist. Dort gibt es meist ein Leitbild, das aus Werten besteht, die das

Verhalten der Mitarbeiter und Führungskräfte beeinflussen und leiten sollen. Leider unterscheiden sich Wunsch und Wirklichkeit in den meisten Konzernen sehr deutlich. Fast jeder Leitbildprozess definiert Vertrauen, Offenheit und Respekt als Werte, weil sehr viele Menschen intuitiv verstehen, dass ein solches Umfeld der optimale Nährboden für menschliches Miteinander und Zusammenarbeit ist. Soweit der Wunsch. Um zu erkennen, welche Werte ein Unternehmen aber in Wirklichkeit lebt, muss man zunächst verstehen, dass neben den individuellen Werten der Führungskräfte vor allem auch die Strukturen eines Unternehmens die tatsächlichen Werte erschaffen. Denn die Strukturen geben vor, was die Mitarbeiter tun und lassen sollen – die Strukturen geben vor, wie gehandelt wird. Wie im Teilkapitel »Grenzen des heutigen Führungskonzepts« ausgeführt ist, bestehen diese Strukturen fast immer aus der pyramidalen Hierarchie, die für Kontrolle und Druck sorgt. Und es sind genau diese Werte, die tatsächlich erschaffen werden und lebendig sind. Sie weichen aber meilenweit von der im Leitbild veröffentlichten Wunschwertewelt ab.

Große Unternehmen sollten mit Leitbildern deshalb sehr vorsichtig umgehen. Plakate in den Räumen und Gängen, Flyer oder Papierwürfel verankern kein Leitbild. In vielen Unternehmen sorgen sie nur dafür, dass die Mitarbeiter den Widerspruch zwischen gelebter Realität und Wunschvorstellung stärker wahrnehmen. Es ist kontraproduktiv, das Leitbild zu kommunizieren und zu verbreiten, solange nicht die Strukturen und das Verhalten der Führungskräfte analog zum Leitbild sind. Mitarbeiter lernen durch verfrühte Kommunikation eines Leitbildes intuitiv, dass man nicht alles ernst nehmen darf oder sollte, was im Unternehmen behauptet wird. Sie werden also misstrauisch gegenüber den Verlautbarungen des Unternehmens. Und wenn Mitarbeiter merken, dass es nicht um gemeinsame Werte im Unternehmen geht, ziehen sie sich auf den Selbsterhalt zurück: Der individuelle Nutzen wird stetig maximiert, anstatt möglichst gut das große Ganze zu unterstützen.

Der Weg zum Ziel

Hat man die Herausforderungen verstanden, denen die Unternehmen gegenüberstehen, dann entsteht die Frage, wie die Weiterentwicklung für die Unternehmen aussehen kann. Für mich zeigen sich als Antwort zwei mögliche Modelle, die sich deutlich voneinander unterscheiden und die ich Ihnen anhand der Strukturen, der Prozesse, der Kultur und anhand von Beispielen und den erzielten Ergebnissen vorstellen möchte. Das eine Modell bezeichne ich als Empowerment. Es ist der nächste Entwicklungsschritt für Unternehmen der orangen Leistungsstufe, die sehen, dass ihnen Innovationskultur fehlt, sie eine niedrige Anzahl sehr zufriedener Mitarbeiter und noch keine klare Antwort auf den Umgang mit der Digitalisierung und der Generation Y haben. Im Empowerment geht es darum, das bestehende Betriebssystem, das oft sehr negative Wirkungen erzeugt, zwar zu erhalten, aber durch die Reduzierung der kontrollierenden Einheiten und Prozesse und die Stärkung der dezentralen Eigenverantwortung und Entscheidungsfreiheit auf ein durchdachtes Maß zurückzufahren. Die Führungskräfte müssen sich dafür weiterentwickeln und die Rolle von Coaches und Enablers einnehmen. Es geht in dieser Entwicklung also darum, bewusst zu reflektieren, welche Haltung das Unternehmen gegenüber seinen Mitarbeitern, seinen Kunden und der Umwelt in Zukunft einnehmen will, und die Strukturen, Prozesse und die Kultur entsprechend zu gestalten, ohne jedoch komplett auf Führung zu verzichten.

Das zweite Modell nenne ich »evolutionär«, weil es diesen Unternehmen aus sich selbst heraus – wie bei der Evolution – gelingt, die eigene Nische zu finden, zu erweitern, in Räume hineinzuwachsen als natürlicher, organischer Prozess. Ein prominentes Beispiel ist Zappos (amerikanisches Zalando), dessen CEO Tony Hsieh im Frühjahr

2015 sämtliche Führungsrollen aufgelöst hat und das Unternehmen seither basierend auf den Werten Eigenverantwortung und Vertrauen führt. Das ist immer ein herausfordernder Übergang, der durch einen Machtkampf und die Abwanderung von etwa 30 Prozent der Führungskräfte geprägt ist, denn wenn Macht- und Führungsstrukturen aufgelöst werden, führt das zunächst zu einem Vakuum, zu Unsicherheit und Widerständen. Tony Hsieh glaubte daran, dass sein Unternehmen nur so einen guten Weg in die Zukunft nehmen kann. Er ist ein Visionär und hat seine Vision konsequent umgesetzt. Der Weg, dieses Modell einzuführen, ist schwer und für viele große Unternehmen erst ein möglicher übernächster Schritt. Er bedarf eines großen Rückhalts in der Eigentümerschaft und der Topmanagementstruktur und ist, wenn man ihn zu schnell geht, mit einem erheblichen Risiko verbunden. Ich möchte Sie einladen, beide Wege zu verstehen, um entscheiden zu können, welche Entwicklungsschritte möglicherweise für Ihr Unternehmen anstehen. Vorher möchte ich aber nochmals etwas zum Thema »Innovationen« sagen.

Innovationskraft entfesseln

Am Thema Innovation kann man erkennen, wie groß der Druck auf die Unternehmen ist. Die großen Konzerne nehmen wahr, dass Firmen wie Alphabet (ehemals Google) über eine ganz andere Innovationsfähigkeit verfügen als sie selbst. In einer Umfrage im Jahr 2014 gaben 40 Prozent der amerikanischen High Potentials an, dass Alphabet ihr präferierter Arbeitgeber sei. Noch vor einigen Jahren wurde diese Referenzliste immer von großen Markenartikelherstellern wie Coca-Cola und großen Unternehmensberatungen wie McKinsey angeführt. Alphabet hat es geschafft, aus Bewerberperspektive der attraktivste Arbeitgeber zu sein. Aber was macht Alphabet so attraktiv? Es ist die offensichtliche Innovationsfähigkeit. Man führe sich vor Augen, dass Alphabet, dessen Kerngeschäft wir alle als Internetsuchmaschine kannten, eigene Autos entwickelt, Satelliten in die Umlaufbahn schickt, um mobiles Internet auch in den entlegensten Winkel der Welt bringen zu können, und eine eigene Gesundheitssparte entwickelt, um eine ganzheitliche und proaktive Lebensgestaltung zu unterstützen. Nur folgerichtig benannte sich der Konzern jüngst in Alphabet um – ein Name, der den allumfassenden Produktanspruch mit der deutschen Assoziation »Von A bis Z« deutlich symbolisiert. Alphabet ist keine Internetsuchmaschine. Alphabet ist ein Konzern, der die Vernetzung der Welt begriffen hat und die Implikationen vorwegnimmt, die diese Vernetzung auf die Kunden haben wird. Sie gestalten die Gegenwart aus einer klaren Zukunftsvision heraus. Dabei zieht man die richtigen Schlüsse aus Zusammenhängen, die auch jeder andere Konzern erkennen könnte. Alphabet denkt nicht in inkrementellen Verbesserungen, sondern in großen Zukunftsvisionen. Und deshalb entstehen auch große neue Geschäftssparten mit eigenen Geschäftsmodellen, die die bestehende Industrie angreifen.

Innovationsabteilungen haben es oft schwer, nicht als Gefährder gesehen zu werden.

Man kann davon ausgehen, dass das den großen Konzernen, seien es Automobilkonzerne, Pharmaunternehmen oder Mobilfunkanbieter, Angst macht. Und wenn das nicht der Fall ist, haben sie entweder ebenfalls visionäre Entwicklungen am Start oder vermeiden noch, verstehen zu wollen, was gerade passiert. Denn sie stehen bezüglich der Innovationskultur an einem ganz anderen Punkt als Alphabet oder andere, jüngere Unternehmen, die die Digitalisierung wirklich verstanden haben. Nennen wir die Unternehmen, die seit 1978 oder später gegründet wurden, Digital Native Companies. Und im Gegensatz dazu die klassischen Unternehmen mit älteren Wurzeln Digital Immigrant Companies. In den Digital Immigrant Companies mit ihrer Tendenz zur Wagenburgbildung und Verteidigung des Bestehenden können Innovationsimpulse, die in den Köpfen der Mitarbeiter entstehen, kaum jemals in Produktentwicklungen münden. Selbst dezidierte Innovationsabteilungen haben es schwer, nicht als Angreifer und Gefährder gesehen zu werden. Genau aus diesem Grund gehen so viele Konzerne zum Innovationsoutsourcing über und entwickeln neue Geschäftsmodelle auf der grünen Wiese, was – wie wir schon beleuchtet haben – einer Kapitulation des Stammhauses vor den Anforderungen der neuen Zeit entspricht.

Wir leben in einer Zeit, in der eine sehr hohe Innovationsnotwendigkeit besteht. Sie wird über das Überleben der Unternehmen entscheiden. Und die klassischen Konzerne heben nicht einmal in Ansätzen das kreative Potenzial ihrer Mitarbeiter. Das liegt auch daran, dass man ein falsches Verständnis davon hat, wie Innovationen entstehen.

»Innovation geschieht nicht zentral und nach einem Plan, sondern ständig an den Rändern, wenn ein Lebewesen eine Veränderung in der Umwelt wahrnimmt und mit angemessenen Antworten experimentiert.«

FREDERIC LALOUX

Organisationen, die sich in hierarchischen Pyramiden strukturieren, müssen immer gegen die ihnen innewohnende Machtzentrierung, eine Neigung zur Silobildung und die Tendenz der Mitarbeiter, soziale Risiken zu vermeiden, arbeiten. Wenig Neues entsteht dort selbstverständlich, denn die Struktur unterstützt es nicht. Die Aktivierungsenergie, die Digital Immigrant Companies wie Volkswagen oder Daimler aufbringen müssen, um so innovativ zu werden wie Digital Native Companies, ist immens. Ich glaube aber, dass die Fähigkeit, eine innovationsfreundliche Umgebung herzustellen, das Kriterium sein wird, das in den nächsten zwei Jahrzehnten darüber entscheiden wird, ob ein Konzern überlebt oder nicht. Die Digital Immigrant Companies sind bereits deutlich im Hintertreffen, denn die Digital Native Companies haben heute bereits die Kultur und Strukturen, die einen ständigen Innovationsprozess unterstützen. Wenn Alphabet neue Mitarbeiter einstellt, so liegt der wesentliche Fokus darauf, ob sich der Mitarbeiter kreativ und eigenmotiviert zeigt. Ist ein neuer Mitarbeiter in den kreativen Bereichen eingestellt, so wird er aufgefordert, sich selbst auf die Suche zu begeben und herauszufinden, wie seine Talente den bestmöglichen Platz finden und den größtmöglichen Nutzen stiften können. In diesem Vorgehen zeigt sich die auf Vertrauen basierende Kultur deutlich. Und das unterscheidet sich markant vom Vorgehen der klassischen Unternehmen. Sie müssen sich erst eine Kultur und Struktur erschaffen, die innovationsfreundlich ist, während gleichzeitig bereits andere Unternehmen in ihre Kernmärkte eindringen. Es wird spannend und lehrreich sein, zu beobachten, wem es gelingt und wem nicht. Und es ist eine riesige Herausforderung für die Digital Immigrant Companies, es zu gestalten.

»Wenn die deutschen Unternehmen den Weg der Demokratisierung und des Kulturwandels gehen, können sie wieder innovationsfähiger werden, jenseits von Effizienz- und Rationalisierungsinnovationen. Ein demokratisches Unternehmen gewinnt an technologischer und sozialer Innovationskraft, weil technologische und soziale Innovationen wie Zwillinge sind.«
THOMAS SATTELBERGER

Die elf Schritte des Empowerments

Wenn die allermeisten hierarchischen Strukturen dazu führen, dass die Verantwortung der einzelnen Mitarbeiter, die Fähigkeit, über Bereichsgrenzen hinweg unternehmerisch zu denken und zu handeln, und die Kreativität abnehmen, braucht es eine Weiterentwicklung innerhalb dieser Organisationen. Es muss darum gehen, den durch die hierarchische Struktur automatisch wirkenden negativen Kräften andere Strukturen und eine Kultur entgegenzusetzen, um mutige Verantwortungsübernahme und unternehmerisches, bereichsübergreifendes Denken und Handeln möglich zu machen. Der nächste anstehende Entwicklungsschritt für große Organisationen, die den Logiken der orangen Leistungsstufe folgen, ist das Empowerment – frei übersetzbar mit Selbststärkung oder Stärkung der Selbstverantwortung. Das bezieht sich auf die Mitarbeiterebene, deren Möglichkeiten, eigenverantwortlich und übergreifend zu arbeiten, wachsen sollen. Bei diesem Vorgehen wird das klassische, hierarchische Betriebssystem der Organisation nicht grundsätzlich abgelöst, sondern bewusst umgestaltet und ergänzt. Dadurch entsteht eine Kultur, die auch die Menschen anzieht, die der orangen Leistungsstufe entwachsen sind und mehr kreative Möglichkeiten im Beruf suchen und eine stimmige Work-Life-Balance haben möchten. Es wird also den »orangen« Logiken »grüner« Gemeinschafts- und Kreativitätssinn und »gelbe« Integration und Nichtlinearität hinzugefügt. Die Unternehmen wirken

dann, obwohl sie nicht radikal verändert, sondern eben weiterentwickelt werden, auch auf High Potentials der Generation Y, Kreative
und Frauen attraktiv. Um eine solche Kultur zu schaffen, muss über-
prüft werden, inwieweit die bestehende Struktur der Organisation
mit dieser gewünschten Kultur zusammenpasst und inwieweit sie sie
unterstützt.

Schritt 1: Wertediskurs

Die meisten Organisationen der orangen Leistungsstufe betreiben den
Wertediskurs nicht ernsthaft, weil ihnen bewusst ist, dass im System zu
viele Kräfte gegen eine konsequente Umsetzung der »richtigen« Werte arbeiten. Als Beispiele seien hier nochmals Hierarchie und Macht
genannt, die durch Kontrolle gegen den Wert »Vertrauen« arbeiten.
Weil Organisationen Werte aber theoretisch wichtig finden, findet
trotzdem der bereits beschriebene Scheindialog mit den beschriebenen Vorgehensweisen zur Scheinverankerung der Werte statt. Die
wichtigsten ersten Schritte in die Kultur des Empowerments sind die
realistische Definition von Werten, die der Zusammenarbeit zugrunde
liegen sollen, und die Überprüfung der Strukturen der Organisation
im Hinblick darauf, ob sie diese Werte fördern oder behindern.

Oft sind Verantwortliche erstaunt und fast gekränkt,
wenn ich ihnen sage, dass fast alle anderen Unternehmen ähnliche Werte verfolgen wie sie. Fast
allen geht es um Offenheit und Vertrauen. Spe-
zifischer wird es bei Werten wie Leistungskultur,
Verantwortung, Spaß, Qualität, Augenhöhe. In
diesem Feld setzen Unternehmen abhängig von
ihrem Sinn und Produktportfolio unterschiedliche
Schwerpunkte. Die Strukturen und Prozesse, die innere Haltung und das äußere, sichtbare Verhalten der
Führungskräfte der Organisation müssen dazu dienen, diese
Werte zum Leben zu erwecken und zu unterstützen.

Strukturen, innere Haltung und Verhalten müssen dazu dienen, Werte zum Leben zu erwecken.

Schritt 2: Topmanagement als Quadriga

»Culture eats strategy for breakfast.«

PETER DRUCKER

In der Unternehmensführung wird zwischen harten und weichen Faktoren unterschieden, die den Erfolg eines Unternehmens bestimmen. Harte Faktoren (hard facts) lassen sich in betriebswirtschaftlichen Kennzahlen wie Kosten, Kapitalumschlag oder Durchlaufzeiten ausdrücken. Man spricht von ökonomischer Objektivierung durch Kennziffern. Zu den weichen Faktoren (soft facts) zählen Image, Stimmungen, aber auch Wissen und daraus resultierendes Verhalten (Motivation / Demotivation) sowie Handlungsweisen (Unterstützung / Widerstand). Solche Faktoren heißen weich, weil sie gar nicht oder nur mit Hilfsindikatoren als Kennzahlen darstellbar sind. Ihre ökonomische Handlungsrelevanz ergibt sich aus der Kraft gruppendynamischer Prozesse. In traditionellen hierarchischen Systemen werden die harten Faktoren oft durch Rollen auf der obersten Führungsebene repräsentiert – meistens in Form des CEO (Strategie), des COO (Prozesse und Produktion) und des CFO (Finanzen).

Die sogenannten weichen Faktoren findet man erst eine Ebene darunter im HR-Bereich verankert. Diese Anordnung ist ein struktureller Fehler, weil sie die wichtige Erkenntnis unberücksichtigt lässt, dass die Kultur die Strategie dominiert. Ich glaube, dass bis heute kein ausreichendes Verständnis in den Vorstands- oder Geschäftsführungsteams herrscht, was diese Dominanz wirklich bedeutet und wie man damit umgeht. Eine Anordnung der weichen Faktoren unterhalb der harten Faktoren macht genau deutlich, wie wenig ernst genommen sie werden. An dieser Position auf der zweiten Ebene angesiedelt kann das Unternehmen mit der Kultur nicht angemessen umgehen, da sie »ganz oben« zu wenig strukturelle Machtverankerung in Form eines eigenen Platzes im Vorstand besitzt.

Der CEO, der COO oder der CFO sind im Regelfall talentierte Denker der harten Faktoren, aber nicht auch automatisch talentierte Versteher und Gestalter der weichen Faktoren. Wir haben weiter vorn im

Buch bereits verstanden, dass die Kultur und die Struktur über die beiden Fragen »Welche Strukturen gestalten bei uns welche Kultur?« und »Welche Kultur brauchen wir – welche Strukturen können wir schaffen, um sie hervorzubringen?« zusammengehören. Da sie sich also wechselseitig bedingen, braucht ein »empowertes« Unternehmen auf der obersten Führungsebene einen für die weichen Faktoren zuständigen CHR-Vorstand, der den Aspekt Kultur wirklich versteht.

Wenn ein Unternehmen sich entscheidet, seinen Vorstand so in Form einer Quadriga aus CEO, COO, CFO und CHR zu strukturieren, dann können strategische Diskussionen zukünftig ganzheitlich durch ein Zusammendenken von weichen und harten Faktoren erfolgen und dadurch eine ganz andere Kraft entfalten. Neben dem angestrebten Ziel – beispielsweise der Zusammenlegung zweier Standorte – können dann auch Analysen der kulturellen Ausgangslage in Betracht gezogen werden, und ein gangbarer Umsetzungsweg hin zum Ziel kann entwickelt werden. Gerade diese Analysefähigkeit, die ein guter HR-Vorstand haben sollte, macht ihn zu einem so wichtigen Partner auf Augenhöhe der anderen Vorstände. Der HR-Bereich weiß, wie Veränderungen in sozialen Systemen durchzuführen sind, und kennt die starke Tendenz, Inhalte abzulehnen, bei deren Erarbeitung man nicht beteiligt war. Gleichzeitig kann er erläutern, welche Strukturen welche Art von Verhalten hervorbringen und unterstützen. In einer Zeit des stetigen Wandels ist das ein unschätzbares Know-how, dessen sich heute leider kaum ein klassischer Konzern bei seinen Entscheidungen bedient.

> **Durch ein Zusammendenken von weichen und harten Faktoren kann eine ganz andere Kraft entfaltet werden.**

Im »empowerten« Unternehmen ist ein HR-Bereich in der Lage, die Flurfunkthemen auf der Hinterbühne des Unternehmens aufzunehmen und anzuzeigen. Mithilfe von halbstrukturierten Interviews in einer vertraulichen Atmosphäre kann die Situation eines Unternehmens im Hinblick auf Innovationskraft, Hemmnisse, ungenutzte Potenziale, Wünsche der Mitarbeiter, Einstellungen zu verschiedenen Veränderungsvorhaben und so weiter erfasst werden. Wenn dann durch die neue Zusammensetzung des Vorstands sowohl das Ziel einer Maßnahme als auch die Ausgangslage der in Bewegung zu bringenden Mitarbeiter erfasst ist, kann gemeinsam der Veränderungsweg durchdacht und dann auch gegangen werden.

Die Aufwertung des HR-Bereichs in der Hierarchie geht auch mit einer weiteren Identitätsveränderung einher, die in »empowerten« Unternehmen selbstverständlich ist: Für die Durchführung von Veränderungsmaßnahmen ist nicht mehr der HR-Bereich oder die Organisationsentwicklung zuständig. Die Durchführung obliegt den Führungskräften selbst, weil sie am besten in der Lage sind, das Veränderungsziel im Auge zu behalten und dabei den Weg in einem guten dialogischen Kontakt und gemeinsam mit den Mitarbeitern und Kollegen zu gestalten. In herkömmlichen hierarchischen Systemen, in denen eine im HR-Bereich angesiedelte interne Organisationsentwicklung oft in Kombination mit externen Beratern die Veränderungsprozesse durchführt, wird oft versucht, den kulturellen Teil einer Veränderung in einem separaten Teilprojekt abzubilden. Das ist ein klares Symptom für das fehlende Verständnis dafür, dass die neue Kultur nur durch eine andere Zusammenarbeit an den neuen Themen und Strukturen entsteht – und nicht separat davon diskutiert werden kann.

Kultur verändert sich nur durch zwei Aspekte: zum einen, indem sich wichtige Führungskräfte und informelle Leader auf der Vorderbühne des Unternehmens bei möglichst sichtbaren Themen anders verhalten als bisher, und zum anderen, indem die Strukturen und Prozesse die neue Kultur hervorbringen (z. B. weniger Kontrollprozesse und Instanzen stärken das Vertrauen und die Eigenverantwortung). Es ändert rein gar nichts, in einem Teilprojekt über die Wunschkultur zu diskutieren und daraus Appelle an die Führungskräfte und Mitarbeiter zu entwickeln. Weil sie genau das wissen, gestalten HR-Bereiche in »empowerten« Unternehmen ihre Rolle anders, als es HR-Bereiche in klassischen Unternehmen tun; sie lassen sich keinesfalls in die Rolle des Kulturbeauftragten, Veränderungsverantwortlichen oder Umsetzers bringen. Damit ist auch klar, dass der oberste »Kulturattaché« einer hierarchischen Organisation natürlich der Leitwolf in Form des

CEO ist, direkt gefolgt von anderen Führungskräften in einflussreichen Einheiten und jenen Führungskräften, die dank ihrer Persönlichkeit eine große natürliche Autorität oder moralische Integrität im Unternehmen zeigen.

Schritt 3: Servant Leaders

Im Kern geht es beim Empowerment um die zunehmende Überwindung der hierarchischen Systemen innewohnenden Angst der Mitarbeiter vor den Führungskräften, deren Ausmaß sich an der Angepasstheit und Vorsicht im Verhalten ablesen lässt. Erleben Sie es, dass auch in Anwesenheit des Topmanagements kritisch nachgefragt und offen diskutiert wird? Wäre es in Ihrem Unternehmen leicht möglich gewesen, den »Diesel-Schummel« ganz oben offen zu benennen ohne Angst, dass dann der eigene Platz gefährdet ist? Kann man als Mitarbeiter sagen »Ich finde, wir sollten dieses Thema grundsätzlich anders angehen!«? Meist werden aus Angst über Bereichsgrenzen hinweggehende Ideen oder Führungsansagen widersprechende Bedenken nicht geäußert. Diese Impulse gehen dem Unternehmen dadurch verloren und machen das gesamte Unternehmen dümmer, als es eigentlich ist. Es muss und kann nur das Verhalten der Führungskräfte sein, das dieser Angst die Nahrung entzieht. Das Verhalten der Führungskräfte wird durch ihre Haltung bestimmt und die wiederum fußt auf ihren Werten. Und hier liegt eine wirkliche Herausforderung auf dem Weg zum »empowerten« Unternehmen. Denn die hierarchischen Systeme mit ihrem Leistungsprinzip ziehen häufig in der Sprache der Psychologen »Insecure Overachiever« genannte Menschen an. McKinsey als Paradebeispiel eines komplett »orangen« Unternehmens sagt sehr offen, dass ihr Wunschbewerber der »Insecure Overachiever« ist. Das zeigt einen hohen Bewusstseinsgrad der Organisation, aber man setzt damit auf Menschen, die für Status, Einfluss und Materielles zur Selbstausbeutung neigen. »Insecure Overachiever« sind Menschen, die eine hohe rationale Intelligenz und oft viel Energie und Vorwärtsdrang haben, aber emotional einen eher stärkeren Selbstwertmangel zeigen. Dadurch setzen sie sich enorm für ihr Unternehmen ein, weil ihr Selbstzweifel stetig an ihnen nagt und sie nach Anerkennung suchen. Und sie ordnen sich trotz erkannter etwaiger Missstände gut in das Gesamte ein, es sind keine Rebellen. Die emotionale Verunsicherung führt zu einem Gefühl, es stetig noch besser machen zu müssen, und zu einer Haltung des »try harder«, gepaart mit der Suche nach Sicherheit. Sie empfinden Sicherheit immer dann, wenn sie Dinge überblicken und kontrollieren können, und das erlangen sie durch Gestaltungsmacht und Einfluss. Um diese Sicherheit zu empfinden, missachten sie oft ihre eigenen Grenzen und überfordern sich dadurch. Oft fordern sie das Gleiche von ihren Kollegen und Mitarbeitern. Die derzeit zu beobachtende und immer weiter zunehmende Burn-out-Quote ist ein klares Symptom für die Wechselwirkung zwischen fordernden Unternehmen und bis zur Erschöpfung die eigene Grenze missachtenden, stetig leistenden Mitarbeitern.

Sie sehen schon, worauf ich hinauswill: Zu rebellieren, Innovationen voranzutreiben und das große Ganze infrage zu stellen sind nicht die Kernkompetenzen der »Insecure Overachiever«. Eine Führungskraft, die in einem Unternehmen die Angstschwelle für ihre Mitarbeiter niedrig halten will, kann das nur mit zwei Verhaltensweisen tun: Zum einen muss sie sich selbst angstfrei und mutig zeigen. Zum anderen ist eine Identität als »Servant Leader« wichtig, der sich auf eine sehr gesunde Art bei Wahrung der eigenen Grenzen in den Dienst des Unternehmens stellt. Die Identität eines »Servant Leaders« zeichnet sich darin aus, dass er Menschen und ihre Ideen dabei unterstützt, schneller wirksam zu werden. Dabei hat er auch den Mut, jenseits klassischer Wege Innovatoren zu fördern und die ihm durch die Hierarchie obliegende Macht so einzusetzen, dass Talente schneller wirksam werden, als es in klassischen, pyramidalen Systemen der Fall ist.

Der Wille der Führungskräfte, die eigene Macht mit den Mitarbeitern stärker zu teilen und an sie abzugeben, ist eine Voraussetzung des Empowerments. Und hierzu ist aus den oben beschriebenen Gründen längst nicht jede Führungskraft in der Lage. Ein Unternehmen, das sich entschieden hat, diesen Weg zu beschreiten, muss damit rechnen, in der Folge einige neue Führungskräfte einstellen zu müssen, die persönlich mutiger sind. Wie kann ein Topmanagement nun dabei vorgehen, herauszufinden, wie die eigenen Führungskräfte gestrickt sind? Meiner Erfahrung nach kann es ein guter Weg sein, die eigene Führungsriege danach zu beurteilen, ob ihr Handeln mehr dem Unternehmen oder mehr ihnen selbst als Person nützt. Die Antwort liefert einen guten Hinweis darauf, ob jemand Anzeichen zeigt, bereits als »Servant Leader« zu agieren. Ein weiteres positives Merkmal ist es, wenn eine Führungskraft in der Lage ist, Personen zu führen, die über mehr Kompetenzen verfügen als sie selbst. Und wenn sie es dann noch schafft, eigene Mitarbeiter im Sinne des Gesamtunternehmens weiterzuentwickeln, auch wenn das bedeutet, dass sie den eigenen Bereich verlassen, dann ist der »Servant Leader« perfekt. Ein starkes Netz aus solchen Führungskräften ist wie ein enorm wirksames Düngemittel für die Stärkung von Eigenverantwortung und Kreativität bei den Mitarbeitern.

Schritt 4: Stakeholder-Balance

»Empowerte« Unternehmen haben sich von der reinen Shareholder-Value-Perspektive in einer ernst zu nehmenden Art und Weise verabschiedet. Das bedeutet, dass es nicht nur kommuniziert wird, sondern durch das Führungsverhalten auch im Unternehmensalltag erlebbar gemacht wird. Diese Unternehmen haben innerlich begriffen, dass die verkürzte Sichtweise und Dominanz des Kapitals letztendlich niemandem nützt, auch nicht dem Kapital. Die Kapitalseite erhält von ihnen einen angemessenen Platz in der Reihe der anderen Stakeholder und somit neben Mitarbeitern, Kunden, Lieferanten, der Umwelt und – sehr fortgeschritten – den Konkurrenten als möglichen Kooperationspartnern.

Schritt 5: Innovationskultur

Unternehmen brauchen auch ein klares Bewusstsein – bei Mitarbeitern und Führungskräften –, wie immens wichtig Innovationsfähigkeit ist, um den durch die Digitalisierung und Vernetzung ausgelösten komplexen Wandel, der sich auch noch die nächsten Jahrzehnte fortsetzen wird, zu meistern. Die Haltung, die sich in »empowerten« Unternehmen zeigt, ist vom Vertrauen geprägt, dass die eigenen Mitarbeiter die beste Quelle für Innovation und Kreativität sind, über die das Unternehmen verfügt. Es geht ihnen darum, diese Quelle zum Sprudeln zu bringen und für das Unternehmen nutzbar zu machen. Prinzipiell würde natürlich jeder Mitarbeiter von sich behaupten, Innovationen zu begrüßen. Doch auch hier spielt nicht die positive und vorhandene Absicht die wichtigste Rolle bei der Umsetzung, sondern die Schaffung eines kulturellen und strukturellen Umfelds, das der Innovation einen ebenbürtigen Platz neben anderen wichtigen Strömungen im Unternehmen einräumt.

Innovationskultur zeichnet sich dadurch aus, dass Voraussagen schwierig sind.

Innovationen sollen sich in Geschäftsmodellen niederschlagen, die Kundenbedürfnisse befriedigen. Um zu einem solchen Ergebnis zu kommen, braucht man eine Kultur, die es schafft, dass Mitarbeiter technische Neuerungen mit Visionen, Bauchgefühl und Einfühlungsvermögen und unter Einbeziehung von vielfältigen Kundenresonanzen entwickeln. Schnelle Prototypenentwicklung, kreative, aber teilweise anfangs nur zur Hälfte durchdachte, dafür vielfältige Vorschläge, Irrtümer und wiederholte Korrekturen sind Teil dieses Prozesses und stellen in herkömmlichen hierarchischen Systemen für die Mitarbeiter ein hohes soziales Risiko dar. Noch dazu steht dieses Vorgehen in klarem Gegensatz zu der Kultur, die operative Exzellenz hervorbringt. Sie ist in den meisten Unternehmen die tradierte Standardkultur und besteht aus planbaren, kleineren Verbesserungen und Weiterentwicklungen bestehender Produkte. Diese Kultur braucht neben sich eine anders gelagerte Innovationskultur. Innovationskultur zeichnet sich auch dadurch aus, dass Voraussagen schwierig sind – ebenso wie feste Timelines. Oft scheitern Unternehmen an genau diesem Vorhersagezwang, der auf ein lineares, mechanistisches Verständnis hinweist, welches wirkliche Kreativität unmöglich macht. Auch die unvorhersagbaren Risiken und ein Vorgehen, das auf eine komplette logische Erklärung des Problems zugunsten von Intuition verzichtet, macht es den Organisationen schwer, Innovationskultur zu entwickeln.

Es ist wichtig zu erkennen, dass es nicht darum geht, die gesamte Kultur des Unternehmens so zu verändern, denn für das bestehende Geschäft ist die Risiken minimierende Kultur existenziell. Das Ziel ist es, kulturell flexibler zu werden und als Unternehmen zu verstehen, dass verschiedene Ziele unterschiedlicher Vorgehensweisen bedürfen. Diese nötige Innovationskultur stellt insbesondere Unternehmen vor sehr große Herausforderungen. In ihrer DNA sind das Sicherheitsbedürfnis, der kalkulatorische Vorhersagezwang und der Widerstand gegen radikale Innovationen tief verankert. Kan Yung-Che, der Kreativdirektor von Samsung, erklärt, dass die meisten Führungskräfte glauben, dass sie gute Erträge erzielen können, indem sie existierende Technologie nutzen, um existierende Produkte ein bisschen besser und ein bisschen schneller zu machen. Das ist die typische Denke der operativen Exzellenz, die aber nie nach einer Pferdekutsche ein Automobil entwickelt hätte.

Um die Innovationskultur und ihren auf Resonanz, Emotionen und Visualisierung basierenden, notwendigen Austausch mit Kunden und internen Abteilungen zu verankern, wählen immer mehr Unternehmen das nichtlineare, schrittweise Vorgehen des »Design Thinking«. Es wurde im Gestaltungsbereich entwickelt, um strukturiert Innovationen hervorzubringen. Das Vorgehen wird in den Bereichen angewandt, die Innovationen hervorbringen sollen. Üblicherweise gelingt das am besten, indem hierfür ein Netzwerk aus Mitarbeitern geschaffen wird, die sich mit Innovation beschäftigen wollen und sollen, so wie es auch Samsung gemacht hat. Dort sind mittlerweile fast 1000 Mitarbeiter Teil des ganz anderen Logiken folgenden Innovationsnetzwerks und werden von Kan Yung-Che geführt. Strukturell kann es auch Sinn machen, dazu einen Innovations-Officer in den Vorstand zu berufen, so wie es ebenfalls Samsung getan hat, um die Ebenbürtigkeit und Wichtigkeit der neuen und anderen Kultur zu stärken.

Schritt 6: Lean Production

Ein wesentlicher Baustein einer Unternehmensstruktur und -kultur, die Eigenverantwortung stärkt und nicht auf Kontrolle basiert, ist die bereits seit den 1980er-Jahren vor allem aus Japan und den USA bekannte »Lean Production«. Vielleicht werden Sie sich fragen, warum in einem Fachbuch anno 2016 noch mal über bereits bekannte und so alte Prinzipien gesprochen werden muss. In Deutschland wird das Prinzip oft sehr wenig funktional umgesetzt. Ein amerikanischer Manager hat es so formuliert: »Die Deutschen kombinieren ›Lean Production‹ mit vielen kontrollierenden Hierarchieinstanzen und wundern sich, warum es nicht so toll läuft, wie die Japaner und wir Amerikaner es immer behaupten.« Und tatsächlich ist es so, dass viele Firmen in Deutschland behaupten, sie würden nach Lean-Prinzipien arbeiten, in Wirklichkeit nehmen sie aber Fragmente aus dem Prinzip heraus und kombinieren sie mit mannigfaltiger Kontrolle. Man schwächt dadurch den Ansatz massiv.

Doch schauen wir uns die Prinzipien der »Lean Production« näher an. Das erste Prinzip heißt »Kompetenz und Verantwortung zusammenführen«. Schon hier wird es schwierig. Ich möchte Ihnen das anhand eines Beispiels eines Pharmaunternehmens beschreiben: Die Mitarbeiter, die »am Kessel stehen«, wissen, wie sie bestimmte Wirkstoffe produzieren. Sie arbeiten im Dreischichtverfahren. Ihnen zugeordnet ist ein so genannter »Compliance Officer«, der ein von der Fertigungshalle räumlich etwas entferntes Büro hat und in normalen Tagesarbeitszeiten arbeitet. Er teilt sich mit den produzierenden Mitarbeitern die Verantwortung. Seine Arbeit wiederum wird von sogenannten »Qualified Persons« überwacht, auch sie tragen einen Teil der Verantwortung. Was passiert dadurch? Die Mitarbeiter in der Produktion wissen, dass es zwei nachgelagerte Instanzen gibt, die ihre Arbeit kontrollieren und die letztendliche Verantwortung tragen. Bei den Produktionsmitarbeitern entsteht das Gefühl, dass es die Aufgabe des »Compliance Officers« und der »Qualified Person« ist, Fehler zu entdecken. Alleine ihr Dasein steht für Misstrauen gegenüber der Kompetenz der Fertigungsmitarbeiter. Psychologisch folgerichtig sinkt die übernommene Verantwortung der Produktionsmitarbeiter. Wollte man diese Fertigung nach den Prinzipien der »Lean Production« ausrichten, wäre ein erster guter Schritt, die Arbeitsweise des »Compliance Officers« zu verändern und ihn in die Schichtteams zu integrieren – ihn somit aus seinem Büro raus direkt an die Produktionslinie zu bringen. Dadurch würden Kompetenz und Verantwortung wieder vereint. Allerdings müsste dann noch dafür gesorgt werden, dass auch die »Qualified Persons« nicht mehr zwangsläufig eingebunden würden, sondern nur noch in unklaren Fällen als Letztinstanz auf aktiven Wunsch der Produktionsteams hinzugezogen werden. Damit wäre die komplette Verantwortung und die Kompetenz im Fertigungsteam vereint.

Das zweite Prinzip sieht vor, in Netzwerken zu arbeiten. Das bedeutet, einen ständigen Austausch von Kompetenz, Information und Reflexion über die Vorgehensweisen mit allen Beteiligten zu etablieren. Die Teams hätten dann auch die Aufgabe, mit Ermutigung durch den »Compliance Officer« die weiteren vier Prinzipien durch einen kontinuierlichen Reflexionsprozess zu etablieren: Verschwendung und Fehler vermeiden, Abläufe synchronisieren, sich um kontinuierliche Verbesserung bemühen und bei Bedarf umstrukturieren. Wird hingegen wie in Deutschland so oft die Kompetenz von der Verantwortung getrennt und über verschiedene Hierarchieebenen verteilt, müssen diese vier Prinzipien ständig aus der Hierarchie von oben an die Mitarbeiter herangetragen werden. Jede dieser Aufforderungen wird latent als Einmischung, Misstrauen und Besserwisserei empfunden und bringt die üblichen Widerstände mit sich.

»Lean Production« hat verstanden, dass eine Kultur der ständigen Verbesserungen, des Know-how-Transfers und der Fehlervermeidung überhaupt nur erreicht werden kann, wenn die Verantwortung dazu bei den Produktionsmitarbeitern selbst liegt. Im letzten Teilkapitel des Buches lernen wir den Automobilzulieferer FAVI kennen, der diese Prinzipien meisterlich lebt. FAVI geht so weit, auch die direkte Kundenbeziehung in das Produktionsnetzwerk zu integrieren. Dadurch erhält das Team eine direkte Rückkopplung zu seiner gelieferten Qualität und dem Grad der Einhaltung von Terminen. Als Konsequenzen der »Lean Production« lassen sich schlanke Hierarchien, Selbstkontrolle statt Fremdkontrolle und alleinige Verantwortung und Kompetenz an der Basis beobachten. »Lean Production« steht für Vertrauen und Eigenverantwortung und ist deshalb ein logischer Teil des Empowerments.

Schritt 7: Natürliche Netzwerke nutzen

Unternehmen sind menschliche Organisationen und sollten deshalb als lebendige, komplexe Systeme betrachtet und auch behandelt werden. Um dieser Erkenntnis Rechnung zu tragen, muss die Hierarchie an vielfältigen Stellen vermieden und durch Selbstorganisation ersetzt werden. Die konstruierte Beziehungswelt, die sich im Organigramm niederschlägt, kann durch die wesentlich effizientere tatsächliche Beziehungslogik ergänzt werden.

Diese Netzwerke werden genutzt, um beispielsweise neue Ideen zu entwickeln oder Resonanz auf Vorschläge des Topmanagements zu bekommen. Auch kann man auf spielerische Art und Weise mithilfe dieser Netzwerke bestimmte Verhaltensweisen im Unternehmen fördern und verankern. So könnte ein Unternehmen jenseits von Hierarchiestufen, aber für die Unternehmensöffentlichkeit sichtbar, verschiedene Menschen zusammenbringen und mit wichtigen Aufgaben betrauen. Es entsteht dadurch ein wahrgenommenes, neues Netzwerk, das auf den erwünschten Werten basiert. Gleich einem Tropfen, der in eine Pfütze fällt, schlagen diese Werte dann Wellen und ziehen Kreise und wirken so auf den Rest der Organisation.

Projekte können im Intranet ausgeschrieben werden, um die wirklich interessierten Mitarbeiter dafür zu gewinnen.

Auch gehen »empowerte« Unternehmen den Weg, Projekte über einen Projektmarkt im Intranet auszuschreiben, anstatt sie von oben zu gestalten und die Teilnehmer zu benennen. Durch die Ausschreibung können so Menschen für die Projekte gewonnen werden, die thematisch vom Projektthema angetan sind oder die mit dem Projektleiter oder anderen Projektteilnehmern in einer Netzwerkverbindung stehen. Der lineare Weg des Projektmanagements setzt am Anfang auf eine komplexe Planung und je nach Umfang teilweise auf jahrelange Meilensteinpläne. In seinem Verlauf kommt es naturgemäß zu Abweichungen vom Plan, denn niemand kann so etwas prognostizieren, und dann geht es im Projekt sehr viel darum, die Abweichungen vom Plan glaubhaft und ohne Vertrauensbruch vor dem Management zu rechtfertigen. Im gesamten Projekt entsteht bei den Mitgliedern durch dieses Vorgehen ein Gefühl, nicht kompetent genug zu sein. Dass Irrtum und Fehler nicht beim Team liegen, sondern in dieser Art des linearen Vorgehens selbst, wird oft nicht erkannt.

Reifere Unternehmen führen Projekte agil durch, definieren zu Anfang lediglich ein Ziel und geben einer Gruppe den Auftrag, sich auf eine Art »Expedition« zu begeben, bei der dann von Schritt zu Schritt die Rahmenbedingungen und Einflussfaktoren erweitert und das Vorgehen schrittweise adjustiert werden. Zu gewissen Zeitpunkten informiert die Gruppe die Vorgesetzten und tauscht sich mit ihnen über das Vorgehen, das Erreichte, die zugrunde liegenden Annahmen und die nächsten geplanten Schritte aus.

Schritt 8: Miteinander im Dialog sein

Führungskräfte in reifen Organisationen verstehen intuitiv, dass es ihre Verantwortung ist, einen unternehmensweiten Dialog zu gestalten, um die Mitarbeiter involviert zu halten, für gemeinsames Verstehen von Vorhaben und Markteinflüssen zu sorgen und das vorhandene Wissen in den Köpfen nutzbar zu machen. So machen sie die Erfahrungen und Sichtweisen ihrer Mitarbeiter für das Unternehmen nutzbar. Dialog ist hier als Gespräch und Austausch gemeint – ganz im Gegensatz dazu, wie er in herkömmlichen hierarchischen Systemen oft praktiziert wird. Denn dort bedeutet Dialog leider allzu oft, dass eine lange Präsentation gehalten und am Ende gefragt wird, ob es denn Fragen gäbe. Durch die im System herrschende Angst der Mitarbeiter vor sozialem Gesichtsverlust und negativen Konsequenzen sagt dann meistens niemand etwas. Auch das Feingefühl der Mitarbeiter verhindert Fragen, denn durch den Zeitplan und das Setting ist meist schon klar, dass es nicht um ein Gespräch und eine gemeinsame Reflexion geht. Deshalb ist es in dem vorgegebenen Kontext nicht geschickt, das präsent auf der Bühne stehende Management durch Nachfragen oder die Formulierung eines anderen Standpunkts in etwaige Bedrängnis zu bringen.

Das ganze Setting – obwohl oft Dialog genannt – dient in Wahrheit nur der Informationsweitergabe. So habe ich beispielsweise erlebt, wie der CEO eines großen Schweizer Pharmaunternehmens vor seiner ersten und zweiten Führungsebene die neue Konzernstrategie präsentiert hat. Es waren rund 500 Menschen im Raum, und nach Abschluss der Präsentation fragte der CEO in die Runde, ob es denn Fragen gäbe. Ein Mitarbeiter ließ sich das Mikro geben und stellte eine Frage. Der CEO quittierte sie mit folgender Antwort: »Eine dümmere Frage kann ich mir kaum vorstellen.« Damit hat der CEO auf einen Schlag eine enorm hohe kulturelle Wirkung erzielt, aber leider nicht in eine Richtung, die ihm in Zukunft nützt.

Es fehlen oft das Know-how und die Sensibilität für die Gestaltung von wirklichen Dialogräumen. Wenn also die Führungskräfte einen unternehmensweiten Dialog entfachen und am Leben halten möchten, dann geht das, indem sie Veranstaltungen in einer anderen Art und Weise als der beschriebenen, nur der Information und nicht dem Austausch dienenden durchführen. Diese andere Art zeigt sich vor allem in der offenen Nachfrage nach Feedback zu Vorschlägen und der Öffnung eines Reflexionsraums zur Mitgestaltung von Lösungen. Entschließt man sich so, das für das Unternehmen wertvolle Know-how der Mitarbeiter zu nutzen, kann das etwa im Jour fixe der Führungskräfte mit ihren direkten Mitarbeitern beginnen.

Offene Fragen dienen dazu, an die wirklichen Gedanken der Teammitglieder zu gelangen. So könnte eine Führungskraft beispielsweise nachfragen, wie die Arbeit insgesamt im Moment läuft. Welche Hemmnisse es vielleicht gibt und wer zur Klärung dieser Hemmnisse etwas beitragen kann. Die Gesprächskultur in den Unternehmen dreht sich fast ausschließlich um das »Was«. Der Austausch findet zu diesem Kontext statt: Was tut x? Was tut y? Was tun wir? Menschen antworten auf diese Fragen mit ihrem gelernten Standardrepertoire an Ideen – Kreativität wird nicht unterstützt oder gebraucht. Deshalb ist es wichtig, dass Führungskräfte den »Was-Dialog« erweitern durch den »Wie-Dialog«. Das kann mit Fragen geschehen, die lauten »Wie sollen wir es tun?« und »Wie gelingt es uns derzeit?« oder »Wie sehen die Hürden bei der Umsetzung aus?«. Hat ein Unternehmen sich entschieden, den internen Dialog anders und basierend auf dem Know-how vieler zu gestalten, würde es sich für einen Strategieprozess niemals Fachberater engagieren, sondern darauf vertrauen, dass genug Wissen und Kreativität im System vorhanden sind, um selbst eine Strategie zu entwickeln. Das Vorgehen könnte dann mit einer Methode wie »Design Thinking« durchgeführt werden. Eine solche Strategie hätten dann viele im Unternehmen mitentwickelt und sie würde danach fast schon spielerisch implementiert werden können, indem sie fast automatisch und ohne großen Druck oder weitere Überzeugungsarbeit in die Ausrichtungen der Bereiche einfließt. Auch kann der Status der Implementierung ebenfalls in Form eines zu einem bestimmten Zeitpunkt wiederholten Dialogs mit allen geteilt werden. Und bei Schwierigkeiten kann man sich durch gemeinsame Reflexion unterstützen.

Schritt 9: Enterprise 2.0

Eine hervorragende Art, ein Unternehmen kulturell sehr schnell zu verändern, natürliche Netzwerke zu formen, den kreativen Prozess zu unterstützen, miteinander im Dialog zu sein und gleichzeitig Wissensmanagement zu betreiben, sind die unter dem Schlagwort »Enterprise 2.0« diskutierten Intranettechnologien. Gemeint sind soziale Technologien – auch unter dem Stichwort »Smart Collaboration« bekannt –, bei denen es darum geht, die Zusammenarbeit wesentlich weniger durch die Hierarchie gesteuert, sondern eigenverantwortlicher zu organisieren. In gewisser Weise führt man die Logiken des offenen Austauschs, der im Internet herrscht, in die Unternehmenssteuerung ein – ein Vorhaben, das Implikationen in den Bereichen PR, interne Kommunikation, Kultur und Marketing nach sich zieht und sehr gut vorausgedacht und sorgsam durchgeführt werden muss.

Diese große, vor allem kulturelle Veränderung im Unternehmen ist eine klare Aufgabe für den CHR. Eine solche Smart-Collaboration-Software ist das Herzstück sehr vieler reifer Organisationen. Das niederländische Krankenpflegeunternehmen Buurtzorg nutzt sie mit großem Erfolg, und Jos de Blok sagt sogar, ohne diese Software gäbe es Buurtzorg mit seinem heutigen großen Erfolg nicht. Alle 9000 Mitarbeiter von Buurtzorg schauen mehrfach am Tag in diese Anwendung und können sie für Fragen, Ratschläge und die Verbreitung von Erfahrungen und Ideen nutzen. Auch werden von verschiedenen Teams Neuerungen vorgestellt, und andere Teams können diese übernehmen, wenn sie wollen.

Unternehmen, die bisher noch keine Erfahrung mit einer Collaboration-Software haben, haben oft die Vorstellung, dass allein ihre Bereitstellung dazu führt, dass sie genutzt wird und sich so auch die Unternehmenskultur verändert. Aufgrund dieser Annahme mussten bereits viele herbe Enttäuschungen verkraftet werden, wenn ein solches System eben erst einmal nicht genutzt wird. Die Erklärung dafür, wann es zur Nutzung oder zur Nichtnutzung kommt, ist aber klar: Wenn eine solche Software eingeführt wird, stehen plötzlich zwei mögliche Verhaltens- und Vorgehensweisen nebeneinander, die für den Mitarbeiter ein Dilemma erzeugen. Der eine Weg ist die Abstimmung über die Hierarchien und Abteilungen, nennen wir es den gewohnten Weg. Das Smart-Collaboration-Tool bietet einen neuen Weg, bei dem jedoch die gewohnten Hierarchien und Abteilungen zum Teil umgangen und ausgehebelt werden (müssen), damit es funktional ist. Für die Mitarbeiter ist klar, wie sie sich entscheiden, wenn sie nicht von der Führung deutlich und wiederholt ermutigt werden und es ihnen nicht anders vorgelebt wird: Sie entscheiden sich für den gewohnten Weg, da dieser keinen Konflikt mit der Hierarchie hervorbringt. An diesem Beispiel merkt man, das die Tools nicht einfach die Unternehmenskultur verändern, sondern dass bei ihrer Einführung die Führungskräfte eine enorm klare Haltung signalisieren und sie sich der Hemmnisse bewusst sein müssen. Im Prinzip müssen die Führungskräfte in der Lage sein, ab dem Tag eins der Freischaltung eines solchen Tools die anderen gewohnten Wege zu schließen.

Durch eine Collaboration-Software entsteht bei allen Mitarbeitern eine Involvierung in das gesamte Unternehmensgeschehen.

Bisher setzen hierarchische Unternehmen solche Softwarelösungen oft nur partiell ein, beispielsweise um den Außendienst zu vernetzen oder Projekte durchzuführen. Um wirkliches, auf vernetztem Wissen und lebendiger Kreativität und hoher Eigenverantwortung der Mitarbeiter basierendes Empowerment zu leben, sollte dieser Einsatz schrittweise auf das gesamte Unternehmen ausgeweitet werden. Die naturgemäß entstehenden Konflikte mit der Hierarchie müssen innerhalb des Kreises der Führungskräfte mit einer klaren Linie zugunsten der Software gelöst werden. Durch die Collaboration-Software entsteht bei allen Mitarbeitern eine hohe Transparenz und Involvierung in das gesamte Unternehmensgeschehen, die in höherem strategischem Verständnis jedes Einzelnen münden.

Schritt 10: Zielvereinbarungs- und Budgetprozess

Auch der Zielvereinbarungs- und Budgetprozess unterscheidet sich in »empowerten« Unternehmen sehr vom Vorgehen in den Organisationen der orangen Leistungsstufe. Lassen Sie mich zunächst kurz beschreiben, wie die Realität in hierarchischen Organisationen meistens aussieht: Das Topmanagement fordert seine Mitarbeiter einmal jährlich auf, Ziele und notwendige Budgets aufzustellen. Danach fängt dann eine Art Basar an, bei dem vonseiten des Managements versucht wird, die Ziele zu erhöhen und das Budget zu senken. Während die Mitarbeiter das Gegenteil versuchen. Eine Klientin von mir empörte sich einmal darüber und sagte: »Da plane ich mit meinem Team, versuche das Beste herauszuholen, komme zu einem Budget, das ausweist, dass wir sechs Personen zusätzlich brauchen, um die hohen Ziele zu erreichen. Und was machen die? Die fragen mich allen Ernstes, ob es auch mit drei Personen geht? Offensichtlich halten die mich für komplett blöd.«

Wie Sie sehen, macht das Vorgehen in dieser Weise nur Sinn, wenn man davon ausgeht, dass entweder Unehrlichkeit, Unwilligkeit oder Unfähigkeit die Planungen bestimmen. Das kann nur anders gestaltet werden, wenn das Topmanagement mit seiner ersten Führungsriege vernünftige Ziele und Budgets auf Basis von sachlichen Argumenten diskutiert – und das auf Augenhöhe. Die erste Führungsriege geht dann wiederum zu den eigenen Mitarbeitern und bittet diese, Ziele und Budgets zu verifizieren. Den großen Unterschied muss bei diesem Vorgehen die Haltung ausmachen, mit der sich die verschiedenen Ebenen begegnen. Ein Ziel oder ein Budget gilt solange als richtig, bis eine andere Person inhaltlich begründet – und nicht machtbasiert oder pauschal – eine andere Annahme vertritt. Kommt es dabei zu einer Situation, in der eine Führungskraft die Planung ändern will, so wird das niedergeschrieben, um es transparent zu halten. So fühlt der Mitarbeiter sich gesehen und ernst genommen, und ihm wird nicht per Dekret aufgebürdet, wider besseres Wissen andere Ziele verfolgen zu müssen.

Durch das nicht autoritäre Verhalten der Führungskraft entsteht eine Akzeptanz anderer Meinungen, die es dem Mitarbeiter möglich macht, geradlinig zu versuchen, die Ziele, die seine Führungskraft vertritt, zu erreichen. Es ist in einer solchen Kultur nicht nötig, dem Gegenüber durch Nichterreichen der Ziele beweisen zu müssen, dass er irrt. Verschiedene Auffassungen werden akzeptiert, denn keiner in der Organisation verhält sich so, als sei ein Ergebnis sicher prognostizierbar. Alle Ergebnisse basieren auf Annahmen, die wiederum unterjährig Veränderungen unterliegen. Insofern ist jede Prognose relativ. Diese Haltung entlastet und fügt dem sonst sehr autokratischen Budgetprozess eine Realitätsnähe und die Anerkenntnis des (Wirtschafts-)Lebens als nichtlineares Geschehen bei. So kann ein Prozess entstehen, der die unterschiedlichen Wissensstände im Unternehmen integriert und bestmöglich respektiert.

Schritt 11: Teamarbeit meistern

Bei den oft mangelhaften Ergebnissen, die Teamarbeit hervorbringt, kann eine Führungskraft durch ihr Zutun erhebliche Verbesserungen erzielen. Die Führungskraft sollte sich in ihrer Aufgabe im Hinblick auf Teams bewusst werden, welche Fallstricke es gibt, und besonders in der Anfangsphase eines Teams ihre herausgehobene Position dazu nutzen, um dem Team zu Effizienz zu verhelfen.

Ein wichtiger erster Schritt für Teams bei der Erarbeitung oder Weiterentwicklung bestehender Themen ist die Trennung in mehrere Arbeitsphasen, bei der die erste eine reine Informationssammlung ohne Bewertung ist. Es muss dabei sichergestellt sein, dass das Team weiß, dass es als sehr gutes Ergebnis gilt, wenn es gelingt, eine möglichst breite »Informationslandkarte« aufzubauen. Es ist sehr wichtig für die Führungskraft, sich des gruppendynamischen Einflussses vorhandener informeller Anführer bewusst zu sein und einen Umgang mit ihnen zu finden. Durch ihre natürliche Autorität haben solche informellen Anführer einen hohen Einfluss auf die Meinungsbildung in Gruppen. Die Führungskraft muss mitunter diese Anführer in ihrem Wirken bremsen, um auch stilleren Kollegen Raum zu bieten. Und sie sollte sensibel dafür sein, Personen, die einen subjektiv niedrigeren Status haben – beispielsweise Nichtakademiker in einer Akademikergruppe –, zu ermuntern, sich zu äußern.

Ein weiterer sehr hilfreicher Punkt für Gruppen ist ein bewusster Umgang mit der sozialen Konsensnorm. Was bedeutet das? Die Führungskraft muss Anreize schaffen, die es attraktiv machen, kritische Gegenstimmen oder unpopuläre Gedanken zu äußern, anstatt schnell den Konsens mit den starken Meinungsbildnern zu suchen. Eine gute Möglichkeit liegt auch darin, im Team am Anfang einer Teamsitzung Rollen zu vergeben, die es den Rolleninhabern ermöglichen, andere Sichtweisen zu äußern. Beispielsweise könnte ein Teammitglied die Kundenperspektive vertreten, ein anderes bekleidet die Rolle des »Advocatus Diaboli«, ein drittes repräsentiert die Stimme des Topmanagements und so weiter. Anders als in einem ungestalteten Gruppensetting ist es durch diesen Ansatz möglich, sich freier zu äußern. Eine weitere Variante in einem fortgeschrittenen Entscheidungsstadium einer Gruppe kann die Einberufung eines Gruppentreffens sein, das ausschließlich dem Zweck der Gegenrede dient. Diese Sitzung hat nur einen Sinn: Gegenargumente, Kritiken und Bedenken zum bisher von der Gruppe entwickelten Vorgehen zu finden. Im Nachgang einer solchen Sitzung – und mit mindestens einer Nacht

> **Es sollte Anreize geben, die es attraktiv machen, kritische Gegenstimmen oder unpopuläre Gedanken zu äußern.**

Abstand – kommt dann die Gruppe zu einer erneuten Reflexion und Entscheidung über das entwickelte Vorgehen zusammen.

Bei solchen und ähnlichen Vorgehensweisen ist es jedoch unerlässlich, dass die Führungskraft sich als Regisseur und Verantwortlicher definiert und so in den Dienst der Gruppe stellt. Diese Rolle muss von einem hierarchisch höheren Mitglied übernommen werden und kann nicht an einen Mitarbeiter der gleichen Hierarchiestufe delegiert werden.

Zusammenfassung – Blick in die Praxis

Ein Unternehmen in Deutschland, das bereits seit seinen Anfängen 1973 auf Empowerment fußt, ist der dm-Drogeriemarkt. Insbesondere die Art, wie dm der Belegschaft der einzelnen Filialen die Sortimentsgestaltung und den Personaleinsatz eigenverantwortlich überträgt, ist ein Erfolgsrezept des Unternehmens. Dahinter stecken zwei Grundsätze: Die Anforderungen der jeweiligen Kundschaft vor Ort sind je nach Standort durchaus unterschiedlich und können am besten von den Mitarbeitern vor Ort bewertet werden. Und dm vertraut den Menschen als solchen und seinen Mitarbeitern insbesondere, was darin mündet, sie für fähig zu halten, die Filiale vor Ort eigenverantwortlich zu betreiben. Sehr plakativ und genau gegensätzlich organisiert war das Drogeriemarktunternehmen Schlecker, das auf einer ausgeprägten Angst- und Kontrollkultur mit einer starken Zentralisierung aller Entscheidungen auf den Firmenpatriarchen basierte – und genau deshalb heute nicht mehr existiert.

Das Konzept der beiden Unternehmen war sich äußerlich ähnlich. Ziel ist bzw. war die großflächige Versorgung der Bevölkerung mit Drogerieartikeln in eigenen Filialen. Die Kultur, mit der das Konzept zum Leben erweckt wurde und die sich auch in der Gestaltung und Atmosphäre der Filialen niederschlug, machte sie aber zu zwei völlig verschiedenen Welten: die eine stetig wachsend, sich entwickelnd und prosperierend, die andere beerdigt (mit dramatischen Auswirkungen für viele Mitarbeiter).

Auch Google hat eine Kultur und ein Betriebssystem, das auf Empowerment basiert und dadurch seinen wichtigsten Produktivitätsfaktor, die Kreativität, fördert. Sehr viele Start-up-Unternehmen entwickeln intuitiv diese Art der Zusammenarbeit und Führung. Sie haben den Vorteil, ohne Altlasten auf der grünen Wiese starten zu können. Deshalb müssen sie ihre Kultur, die Strukturen und Prozesse nicht gegen Widerstände weiterentwickeln, sondern sie können sie so gestalten, wie sie es brauchen. Lehrreich daran ist, dass fast alle Start-ups nie die klassische Hierarchie als Betriebssystem wählen oder diese auch bei größerem Wachstum nicht entwickeln. Ein weiteres sehr bekanntes Unternehmen, das sich durch den Schritt zum Empowerment bereits vor zwei Jahrzehnten vor der Insolvenz und der mutmaßlichen Bedeutungslosigkeit gerettet hat, ist Harley-Davidson.

Die Abschaffung der Hierarchie

Die hierarchielose, evolutionäre Organisation hat kein modifiziertes Betriebssystem, so wie es »empowerte« Unternehmen haben, bei denen die leistungshemmenden Command-&-Control-Wirkprinzipien durch reifes Bewusstsein und Verhalten sowie strukturelle Änderungen ergänzt werden. Vielmehr gelten in der hierarchielosen Organisation die Behauptungen, dass die pyramidale Hierarchie nicht die beste Art ist, wie Menschen zusammenarbeiten können, dass dadurch die Menschen kleingehalten werden und sie nicht ihr volles Potenzial in die Organisation einbringen. Basierend auf diesen Erkenntnissen haben diese Organisationen ein anderes Set an Strukturen und Vorgehensweisen entwickelt und erprobt, das bei den Menschen, die zum ersten Mal damit konfrontiert sind, zunächst für Unglauben bezüglich der Funktionalität sorgt. Gibt man diesem Unglauben eine Stimme, so hört man den Zweifel daran, dass die meisten Menschen tatsächlich intrinsisch motiviert und in der Lage oder willens sind, weitreichende Verantwortung zu tragen, ohne angewiesen, angetrieben und kontrolliert zu werden. Hierarchielose Organisationen kennen diese Zweifel nicht und kontrollieren ihre Mitarbeiter deshalb gar nicht. Sie sind in diesem Vorgehen nicht naiv, sondern eigentlich sehr rational, wenn man bedenkt, dass nur 3 bis 4 Prozent der Mitarbeiter »Schlechtleister« sind und somit mindestens 96 Prozent der Kontrollenergie verschwendet ist und sogar demotivierende Wirkung entfaltet.

> **An der Spitze der Organisation muss es jemanden geben, der voll und ganz hinter dem Umbauvorhaben steht.**

Die hierarchielosen Unternehmen haben für alle Herausforderungen, die sich beim Zusammenarbeiten von Menschen ergeben, Lösungen entwickelt, die funktionieren und sie sehr effizient sein lassen. Der Weg, eine klassische Organisation zu einer hierarchielosen zu entwickeln, ist aber sehr steinig. Die wichtigste Voraussetzung für das Gelingen ist, dass es an der Spitze der Organisation einen Menschen gibt, der voll und ganz hinter dem Umbauvorhaben steht und die Länge und Herausforderung des Weges begreift. Die weiter hinten vorgestellte Firma FAVI, ein Automobilzulieferer aus Frankreich, ist den Weg von der klassischen, hierarchischen Organisation zu einer hierarchielosen Organisation gegangen. Sie ist jedoch eine Ausnahme, denn die vertrauensvolle Einhelligkeit zwischen Eigentümern und Management, die diese Veränderung ermöglichte, ist selten. Häufiger findet man Organisationen, die bereits von Anfang an basierend auf den entsprechenden Prinzipien gegründet wurden. Oder es entsteht eine existenzielle Krise, wie es im Fall der französischen Keksfabrik Poult der Fall war, die Insolvenz anmelden musste und dann von einem Interimsmanager reorganisiert wurde. In der Situation des Konkurses steht ein Unternehmen vor einer existenziellen Gefahr, und es ist offensichtlich, dass ein anderes Vorgehen nötig ist als bisher, damit ein Neuanfang gelingen kann. Eine solche Situation macht es leichter, derartig weitreichende und umwälzende Veränderungen einzuführen. Wenn wir uns aber an das Stufenmodell des wachsenden Bewusstseins und der sich verändernden Strukturen bei Individuen, in der Gesellschaft und eben auch in Organisationen erinnern, erkennen wir, dass eine hierarchielose Organisation einfach sehr konsequent die systemischen Grundsätze der gelben Stufe lebt.

Diese Organisationen sind mutige Innovationsführer in ihrer Konsequenz, mit der sie ein ganz anderes Betriebssystem verwenden.

Für mich sind sie Pioniere und revolutionieren mit ihrem Vorgehen unsere Vorstellung, wie die Zusammenarbeit von Menschen funktionieren kann – nämlich lebendiger, freudvoller, leichter und auch wirtschaftlich äußerst erfolgreich. Im kommenden Abschnitt stelle ich die wesentlichen Grundlagen und Techniken vor, die hierarchielose Organisationen nutzen, um ihre Zusammenarbeit und Produktivität zu gestalten. Ich beginne mit einem Interview mit Jos de Blok, dem Gründer von Buurtzorg. Viele hierarchielose Organisationen, die ich kenne, haben Vorbilder. Jos de Blok ist eines dieser Vorbilder, und das Interview zeigt, wie er in einigen Punkten im Hinblick auf Organisationen und Menschen denkt, handelt und fühlt. Für mich ist seine Haltung sehr exemplarisch und deutlich anders als die Haltung der meisten Manager auf der orangefarbenen Leistungsstufe. Jos de Blok hat vor neun Jahren seine Führungsfunktion im Gesundheitswesen aufgegeben und sein eigenes Unternehmen gegründet, das heute 9500 Mitarbeiter hat und stetig weiter wächst. Weiter hinten im Buch werden wir auch die konkreten Vorgehensweisen von Buurtzorg kennenlernen, die zu diesem immensen Wachstumsprozess und seinem Erfolg geführt haben.

Interview mit Jos de Blok

Herr de Blok, was waren vor neun Jahren die Gründe, Ihren Managementjob im Gesundheitswesen aufzugeben?

Ich hatte das Gefühl, dass das Management und die Managementstruktur nicht mehr die Aufgabe erfüllten, für die sie eigentlich da waren. Ich beobachtete, dass das Gesundheitswesen und die mobile Krankenpflege immer schlimmer und schlimmer wurden. Es gab keine Verbindung mehr zwischen den mobilen Krankenpflegern und den anderen Mitarbeitern des Gesundheitswesens, wie beispielsweise den Ärzten oder den Krankenhäusern. Und auch das Management wurde immer schlimmer. Für mich brachte das eine hohe Frustration mit sich, weil ich immer sehr mit den mobilen Krankenpflegern verbunden war. Aber es gelang mir nicht, meine Kollegen und meinen Vorstand davon zu überzeugen, ein anderes Vorgehen zu wählen.

Wie fühlt sich Ihre heutige Tätigkeit im Vergleich dazu an?

Oh, es fühlt sich nach Freiheit und Sinnhaftigkeit an! Ich habe das Gefühl, Dinge zu tun, die wichtig sind, um die Gesundheitsversorgung auf ein höheres Niveau zu bringen. Es fühlt sich so an, als würde man zu etwas beitragen, das wichtig für die Gesellschaft ist. Und gleichzeitig sind wir jetzt vier Jahre in Folge zum besten Arbeitgeber Hollands gewählt worden. Ich kann jetzt tatsächlich tun, was ich vorher schon als wichtig erachtet hatte, aber aufgrund von vielen Hindernissen nicht tun konnte. Im Kern geht es darum, eine gute Arbeitsumgebung für Menschen zu schaffen. Meinen eigenen Gefühlen und Ideen zu folgen, fühlt sich an wie die Arbeit an essenziell wichtigen Dingen.

Wie war denn die Resonanz Ihrer Umgebung, bevor Sie Buurtzorg gegründet haben? Was haben andere Ihnen gesagt, was war deren Reaktion, wenn Sie Ihre Ideen zur Diskussion gestellt haben?

Viele Personen aus anderen Organisationen sagten, dass es nicht funktionieren würde, weil es sonst schon jemand anders getan hätte. Sie haben auch infrage gestellt, dass ich mit besser qualifizierten Krankenpflegern arbeiten könnte, da doch die Kostenübernahme durch die Kostenträger so restriktiv sei. Und man hat mich gefragt, wie ich denn glauben könnte, ohne Managementstruktur arbeiten zu wollen. Man nannte es schlicht eine Illusion. Aber es gab auch ein paar Leute, die von der Idee sehr angetan waren. Sie sagten, man müsse aus dem System ausbrechen. Ich habe also sehr unterschiedliche Antworten und Einwände von Kollegen bekommen. Einige von ihnen waren sehr kritisch und fast ärgerlich dar-

über, dass ich denke, das System so verändern zu können, da sie doch seit vielen Jahren mit ihrem Managementstil die besten Resultate erzielen. Der überwiegende Teil des Managements dachte ganz einfach, mein geplantes Vorgehen würde nicht effektiv sein oder nicht hilfreich.

Was ist der größte Unterschied für einen Mitarbeiter zwischen einem herkömmlichen, hierarchisch-pyramidal organisierten Unternehmen und einem System wie Buurtzorg, das ohne Hierarchie funktioniert?

Einer der wichtigsten Unterschiede ist, dass man die wirkliche und gesamte Verantwortung trägt für die Dinge, die man tut. Es liegt außerdem ein großer Unterschied darin, dass die lokalen Teams sich die meiste Zeit fühlen, als sei das Team ihr eigenes Unternehmen. Das Team entscheidet über die Dinge. Sie können über alles diskutieren und entscheiden, was für sie relevant ist. Es sind die Verantwortung und die Gestaltungsfreiheit, die die wesentlichen Unterschiede machen. Diese Beschreibung höre ich von vielen Teams.

Beeinflusst die Arbeit bei Buurtzorg das Privatleben der Mitarbeiter? Und wenn ja, wie?

Ja, und zwar auf verschiedene Arten. Manche der Krankenpfleger berichten, dass die Tatsache, jeden Tag selbstständig Entscheidungen treffen zu können, auch einen Einfluss auf ihre Privatleben hat. Sie übernehmen vielfältige Aufgaben und andere Positionen, als sie es gewohnt waren. Jeder bei Buurtzorg muss lernen, die Grenze zwischen Privatleben und Arbeit zu ziehen, weil jeder so enorm motiviert und engagiert ist. Die Arbeit hat auch einen großen Einfluss auf die Partner der Mitarbeiter. Vor einiger Zeit hatten wir eine kleine Party, bei der die Partner der Mitarbeiter auch eingeladen waren. Ich hielt eine kleine Rede, um sie zu motivieren, ihre Frauen zu unterstützen. Die meisten Mitarbeiter sind bei uns

Frauen. Die Partner antworteten mir: »Jos, wir haben das Gefühl, sie sind immer mit dir zusammen!« Es war als Scherz gemeint, aber wenn du bei Buurtzorg arbeitest, hat das einen Einfluss auf dein tägliches Leben. Du musst sehr flexibel sein, und du weißt nie, wann die Anforderungen sich wieder ändern. Zum Beispiel bei der Pflege von Menschen, die in ihrer finalen Lebensphase angekommen sind, ändern sich die Anforderungen von Tag zu Tag. Um das gut zu verantworten, musst du deine eigene Balance als Mensch sehr gut im Griff haben.

Gibt es eine Botschaft, die auf Ihren Erfahrungen basiert und die Sie gern Managern und Mitarbeitern in hierarchischen Systemen mitteilen würden?

Ich denke, Manager sollten darüber nachdenken, wie sie ihre Systeme organischer und natürlicher gestalten können. Meine Empfehlung wäre, die eigene tägliche Arbeit zu reflektieren und sich selbst zu fragen, ob die Art, wie wir unser Unternehmen organisieren, zu Engagement der Mitarbeiter führt – oder zu Machtverteilung und Machtansprüchen auf verschiedenen Ebenen. Letzteres ist für die Entwicklung von Organisationen sehr kontraproduktiv. Also für mich haben diese Organisationen eine Unwucht und Dysbalance zwischen der Verteilung von Verantwortung und Macht.

Warum könnte es für Unternehmen wichtig sein, sich weiterzuentwickeln?

Ich glaube einfach, es macht die Menschen glücklicher. Und ich glaube, das ist sehr wichtig. Gleichzeitig wird man als Organisation flexibler und geht in eine Verbindung mit der Umgebung und der Gesellschaft.

Wenn jemand zu Ihnen sagt »Das funktioniert bei uns nicht!«, was antworten Sie?

Ich frage erst mal: »Wer ist wir?« Denn normalerweise sagen nur Manager oder Vorstände solche Sachen. Sie sagen: »Unsere Mitarbeiter können das nicht – sie sind nicht clever genug.« Oder sie tun so, als wären die Menschen ein Problem, die daran glauben, dass Organisationen anders funktionieren können, weil sie einen anderen Blick auf Menschen haben. Also, ich sage immer: »Aus einer humanistischen Perspektive betrachtet, funktioniert das überall. Denn Menschen sind überall Menschen.«

Wie könnte eine solche Veränderung beginnen? Welche ersten Schritte auf diesem Entwicklungsweg würden Sie großen Firmen empfehlen?

Ich halte es für hilfreich, wenn sie sich Beispiele anderer Unternehmen anschauen, die so organisiert sind, um sich inspirieren zu lassen. Ich glaube, wenn der Vorstand oder das Topmanagement die Essenz des anderen Vorgehens oder die Notwendigkeit der Veränderung nicht sieht, wird sich nichts verändern. Diese Menschen müssen erkennen, dass es andere Wege der Organisation und Zusammenarbeit gibt, die sowohl die Unternehmensentwicklung als auch ihr persönliches Leben unterstützen und verändern können. Sie müssen auch über sich selbst nachdenken: Wer bin ich? Möchte ich die Dinge so tun, wie ich sie tue? Die großen Organisationen brauchen auf einem sehr hohen Level im Topmanagement die Diskussion von Fragen wie »Haben wir das Gefühl, wesentliche und relevante Dinge zu tun?« und »Gibt es andere Vorgehensweisen für unsere Aufgaben?«. Unternehmen brauchen ein anderes Bewusstsein. Wenn dieses Bewusstsein in den Unternehmen nicht vorhanden ist, müssten andere Personen an die Spitze des Unternehmens gebracht werden, sonst wird keine Veränderung passieren.

Was ist die wesentliche Aufgabe, die Sie selbst übernehmen, um Buurtzorg weiterzuentwickeln?

Meine Aufgabe ist es, die Probleme der äußeren Welt draußen zu halten. Das ist wichtig für Buurtzorg und deshalb war ich beispielsweise gerade in Den Haag im Gesundheitsministerium und im Parlament. Den größten Einfluss bei uns haben die Regeln des Gesundheitssystems. Ich versuche, sie möglichst gut aus der Organisation herauszuhalten. Eine weitere Aufgabe von mir ist es, mit den Krankenpflegern und den Patienten in enger Verbindung zu bleiben. Im Moment organisieren wir viele Treffen mit Patienten über das ganze Land verteilt, um zu hören, wie ihre Erfahrungen mit uns waren und welche Ideen sie haben, die uns verbessern können. Es ist ein sehr schöner und produktiver Weg, Dinge zusammen zu diskutieren und zu entwickeln. Und ich halte diesen Diskussionsprozess am Laufen. Ich muss in Verbindung bleiben und mit meinen Leuten die Dinge besprechen, die wir für wichtig halten. Dabei achte ich sehr darauf, medizinischen oder Business-Jargon zu vermeiden.

Merken Sie, dass die Existenz von Buurtzorg Impulse für die Struktur und Kultur von anderen Organisationen oder für die Gesellschaft als Ganzes setzt?

Ja, absolut! Ein Beispiel dafür, was derzeit im ganzen Land passiert, ist, dass sehr viele Organisationen des Gesundheitswesens ihre Art zu arbeiten ändern. Sogar das Gesundheitsministerium hat sich verändert, und wir sehen auch Einflüsse auf die Ausbildung, die Schule oder auf ganz andere Industrien wie beispielsweise Hotelketten oder Banken. Die ganze Diskussion über die Frage, wie man sich in den nächsten 20, 30, 40 Jahren organisieren muss, ist sehr stark in Gang gekommen.

Wie wäre Ihr Leben verlaufen, wenn Sie Ihren normalen Managementjob nicht aufgegeben hätten?

Wenn ich nicht gegangen wäre, hätte ich sicherlich mehrere Herzinfarkte gehabt. Wenn man andere Ideen hat als seine Kollegen, resultieren daraus Konflikte und der Stress steigt an. Natürlich haben wir heute auch Stress. Aber der Stress entspringt den Strukturen des Gesundheitswesens und nicht der Art, wie wir unser Unternehmen organisieren. Ich glaube, ich hätte wirklich ernsthafte Gesundheitsprobleme bekommen, wenn ich geblieben wäre.

Unternehmenskultur

Kennen Sie Situationen in Ihrem Leben, in denen Sie diametral anders reagieren, als Sie es von sich gewohnt sind? Entwicklungspsychologen haben uns gezeigt, dass der Mensch zwar eigene Verhaltensweisen, Charakterzüge und Vorlieben entwickelt, er aber gleichzeitig situativ flexibel agiert, wenn unterschiedliche Umwelteinflüsse ihm begegnen. So kann ein sehr eigenmotivierter Mensch durch äußere Einflüsse demotiviert und antriebslos werden, und umgekehrt kann ein Mensch, der bisher immer nur Weisungen seiner Vorgesetzten befolgt hat, in einem entsprechenden Umfeld eigenverantwortliche Entscheidungen treffen. Was heißt das für die Unternehmen? Es bedeutet, dass die Kultur des Unternehmens die Handlungsweisen der Mitarbeiter bestimmt. Herrscht eine Kultur aus Kontrolle und Misstrauen, so werden Mitarbeiter vorsichtig, abwartend und sicherheitsorientiert agieren. Begegnet man ihnen mit Vertrauen, so verhalten sich die Mitarbeiter proaktiv und mutig.

Es ist also nicht die Frage, ob der Mensch per se gut ist und man ihm vertrauen kann oder ob er schlecht ist und man ihn deshalb kontrollieren muss. Sondern die richtige Frage lautet: »Wie muss ein Umfeld beschaffen sein, damit Mitarbeiter sich vertrauensvoll, mutig und mit ihrem vollen Potenzial zum Wohle der Firma einsetzen können?« So nähert man sich einer Organisationskultur und -struktur aus der Perspektive des Menschen und seiner Psyche. Man fragt nicht »Welche Prozesse brauchen wir, um unsere Produktion durchzuführen?«, sondern man fragt »Wie muss der Nährboden sein, damit die Menschen kreativ, selbstverantwortlich und effizient handeln?«. Hierarchielose Organisationen nennen ihr Betriebssystem Selbstführung und die Annahmen, die ihrem Handeln zugrunde liegen, sind anders als in den meisten Organisationen. Ohne dass es ihnen bewusst ist, gestalten klassische, hierarchische Organisationen die Zusammenarbeit nach impliziten Annahmen ähnlich den folgenden:

- Vorgesetzte und Führungskräfte sind besser in der Lage, Entscheidungen zu treffen als Mitarbeiter*.
- Mitarbeiter wollen keine Verantwortung tragen und keine Entscheidungen treffen, die sich auf das finanzielle Wohl der Organisation auswirken.
- Mitarbeiter wollen vor allem viel Geld verdienen.
- Mitarbeiter sind austauschbar.
- Mitarbeitern muss man sagen, was sie tun und was sie nicht tun sollen und wie sie es tun sollen.
- Mitarbeiter müssen sich vor ihren Vorgesetzten rechtfertigen.

Hierarchielose Unternehmen gehen systematisch davon aus, dass der Mensch gut ist.

Die Sätze mögen in dieser Klarheit auf Sie brutal wirken. Aber nur weil sie die implizite Grundlage in klassischen, hierarchischen Organisationen bilden, gibt es das auf Kontrolle, Macht und Fragmentierung basierende Gebilde der pyramidalen Hierarchie. Es bildet quasi das organisatorische Pendant zu Menschen, die so sind, wie in den obigen Sätzen beschrieben. Und tatsächlich bestätigt sich die Organisation hierin auch selbst, weil die Mitarbeiter durch die gelebte Struktur dazu gebracht werden, sich

---

* Mitarbeiter steht in diesem Kontext für Menschen ohne Führungsverantwortung. Das können Sachbearbeiter, Fachkräfte oder Arbeiter sein.

so zu verhalten, wie es die Sätze oben beschreiben. Das Wesen des Menschen ist aber eben nicht der Ausgangspunkt, denn er verhält sich situationskonform, sondern die Strukturen, die die Verhaltensweisen erschaffen, sind der Ausgangspunkt. Erst sie bringen die Menschen dazu, sich in einer Organisation so zu verhalten, wie sie es tun. Hierarchielose, evolutionäre Organisationen gehen sehr bewusst von anderen Annahmen aus. Jean-François Zobrist, der den Automobilzulieferbetrieb FAVI zu einer selbstführenden Organisation entwickelt hat, beschreibt in seinem Buch die folgenden Fakten, auf denen das Unternehmen fußt:

- Wir gehen systematisch davon aus, dass der Mensch gut ist.
- Ohne Glück keine Leistung.
- Die wirkliche Arbeit geschieht in der Werkstatt.

Dennis Bakke, der CEO von AES, einem ebenfalls selbstgeführten Energieversorger mit 40 000 Mitarbeitern, beschreibt seine Prinzipien so:

- Unsere Mitarbeiter sind kreative, aufmerksame, vertrauenswürdige Erwachsene, die in der Lage sind, wichtige Entscheidungen zu treffen.
- Sie sind für ihre Entscheidungen und ihr Handeln verantwortlich und rechenschaftspflichtig.
- Sie sind fehlerhaft. Wir alle machen Fehler, manchmal aus Absicht.
- Sie sind einzigartig.
- Sie wollen ihre Talente und Fertigkeiten anwenden, um einen positiven Beitrag in der Organisation und in der Welt zu leisten.

Das Betriebssystem der Selbstführung ist die konsequente Übersetzung dieser Annahmen in Strukturen und Prozesse. Die Organisationen schaffen Strukturen, die es den Menschen ermöglichen, die entsprechende Seite von sich zu stärken. Es zeigt sich auch, dass Menschen, die in dieser Weise und mit Vertrauen behandelt werden, automatisch in ihrem Verhalten und ihrer Herangehensweise gegenüber den Kunden der Firma eine ähnliche Haltung zeigen. Ganz natürlich entsteht also hier das, was im Cluetrain-Manifest bereits propagiert ist: Menschen begegnen sich im Unternehmen genauso wie außerhalb des Unternehmens auf Augenhöhe, nehmen die Bedürfnisse des jeweils anderen wahr und richten ihr Handeln im Unternehmen selbst und am Markt danach aus.

Organisationsstruktur

Beim Aufbau einer hierarchielosen, evolutionären Organisation ist es am wichtigsten, zu vermeiden, dass einzelne Personen über andere Macht haben. Es ist diese angstauslösende Unfunktionalität von hierarchischen Systemen, die dazu beiträgt, die Organisation zu lähmen, offenen Gedankenaustausch zu behindern und die Mitarbeiter dazu zu bringen, sich gemäß den vermuteten Führungserwartungen zu verhalten. Evolutionäre Organisationen wissen, dass sie darauf angewiesen sind, einen Rahmen zu schaffen, in dem Mitarbeiter bereit sind, selbstständig und kreativ zu denken, über ihre Gedanken mit anderen zu kommunizieren und selbstverantwortlich Entscheidungen zu treffen. Es gibt deshalb im Hinblick auf die Struktur in hierarchielosen Organisationen verschiedene Modelle, die bisher Anwendung finden. Dadurch, dass Selbstführung als Betriebssystem noch sehr neu ist, ist davon auszugehen, dass sich noch etliche weitere Differenzierungen von bestehenden Modellen entwickeln werden. Welches Modell für eine Organisation oder einen Geschäftszweck das richtige ist, entscheidet sich dabei anhand der Länge und Tiefe der Wertschöpfungskette.

In kurzkettigen Geschäftsfeldern, wie der Industrieproduktion oder der Krankenpflege, aber auch im Dienstleistungssektor hat sich beispielsweise die Teamorganisation bewährt. Die ideale Teamgröße umfasst bis zu zwölf Personen, weil in Gruppen mit mehr Personen psychologisch belegt kein ausreichendes Vertrauen oder Wohlwollen gegenüber den einzelnen Teammitgliedern mehr entsteht. Gleichzeitig ist der Zuwachs an Kreativität bei mehr Mitgliedern auch kaum noch messbar. Solche Teams werden quasi als Minifabriken behandelt, in denen alle relevanten Entscheidungen getroffen werden. FAVI ist so organisiert und die dortigen Minifabriken entscheiden über

Arbeitskrafteinsatz, Neueinstellungen, Anschaffungen von Maschinen, Verbesserungen im Prozess und so weiter. Auch bei FAVI gibt es natürlich Dinge, die für mehrere Teams gleichzeitig interessant sein können, oder Neuerungen in einem Team, die andere Teams gegebenenfalls übernehmen könnten. Deshalb gibt es dort Ingenieure, deren Aufgabe es ist, auf Anfrage der Teams für sie als Berater zur Verfügung zu stehen. Da diese beratenden Ingenieure Einblick in mehrere Teams haben, ist es ihre Aufgabe, proaktiv Neuerungen auch an andere Teams heranzutragen. Sie haben jedoch gegenüber den Teams keinerlei Weisungsbefugnis, sondern unterstützen entweder auf Nachfrage oder sie bieten ihre Leistung aktiv an.

Auch der niederländische Alten- und Krankenpflegedienst Buurtzorg mit seinen 9500 Mitarbeitern ist in Teams zu je zwölf Personen gegliedert. Sobald ein Team merkt, dass es über diese Zahl hinauswachsen würde, beschließt es selbstständig die Gründung eines weiteren Teams. Auch bei Buurtzorg gibt es eine Reihe von Mitarbeitern, die die Teams bei Schwierigkeiten unterstützen und sie beraten. Doch auch hier muss der Impuls für eine solche Beratung aus dem Team kommen.

Schwieriger ist es, eine Organisationsstruktur für ein Unternehmen mit langen und eventuell auch noch tiefen Wertschöpfungsketten zu gestalten, wie es sie beispielsweise in der pharmazeutischen Industrie oder im Bankensektor gibt. Um das hier zu realisieren, setzen Unternehmen auf miteinander durch Überlappung verschachtelte Teams. Das von Brian Robertson für diese Geschäftsmodelle entwickelte Betriebssystem »Holacracy« wird von einigen Unternehmen bereits eingesetzt. So hat auch Zappos bei seiner Änderung des Betriebssystems auf Holacracy gesetzt.

Keine Führung

Der wohl augenfälligste Unterschied in der Struktur einer evolutionären Organisation im Vergleich zur klassischen ist die Tatsache, dass es keine hierarchische Führungsstruktur mehr gibt. Wenn man eine

Organisation so aufbauen möchte, stellt sich die Frage, wer die Aufgaben, die die Führungskraft bisher übernommen hat, erledigt. Die Aufgabe, die anstehende Arbeit zu verteilen und den Fortschritt sicherzustellen, fällt weg, da sie von den Teams selbst geleistet wird. Die Kontrolle der Arbeit findet ebenfalls im Team statt. Bleibt noch die Weiterentwicklung und Bewertung der Mitarbeiter. Hierfür haben sich in den meisten evolutionären Organisationen sich ähnelnde Vorgehensweisen herausgebildet. Die Weiterentwicklung vertraut auf den intrinsischen Wunsch der Mitarbeiter, sich weiterentwickeln zu wollen, und bietet dafür eine Struktur an, die sich Rollenmarkt nennt – weiter hinten wird die genaue Funktionalität erläutert. Bei der Bewertung der Mitarbeiter, die oft auch einhergeht mit einer Gehaltseinstufung, setzen die Unternehmen auf die Weisheit der Personen, die direkt mit den jeweiligen Mitarbeitern zusammenarbeiten. Auch dieser Prozess wird später noch erläutert.

Das absolute Tabu ist die Ausübung von Macht und Kontrolle sowie das Erteilen von Anweisungen.

Doch es wäre nicht die ganze Wahrheit, wenn wir behaupten würden, dass evolutionäre Unternehmen überhaupt keine Führung brauchen. Es gibt in den evolutionären Organisationen immer eine oder zwei Personen in Form des Geschäftsführers oder Inhabers, die eine herausgehobene Stellung haben. Im herkömmlichen Sinne ist das zwar keine Führungsfunktion, weil gerade diese Person vor der besonderen Herausforderung steht, gerade auf jegliche Machtausübung zu verzichten. Quasi im Rampenlicht stehend prägt ihr Verhalten als Vorbild aber die Gesamtorganisation. Diese Person muss sich ihrer Funktion enorm bewusst sein, indem sie weiß, was ihre Aufgaben sind – und was sie keinesfalls tun darf. Das absolute Tabu ist die Ausübung von Macht und Kontrolle, das Erteilen von Anweisungen oder ein Verhalten, das keinem anderen Mitarbeiter zugebilligt wird.

Als ihre Aufgaben definieren beispielsweise Jos de Blok (Buurtzorg) und Jean-François Zobrist (FAVI), darauf zu achten, dass die Vorgehensweisen, die ich nachfolgend detailliert beschreiben werde und die die gesamte Kultur des Unternehmens prägen, eingehalten werden. Es gibt immer wieder, gerade bei Vertrauensbrüchen wie Diebstählen, den Ruf nach Führung und Kontrolle. Jos de Blok und Jean-François Zobrist beschreiben die Standhaftigkeit, mit der der Glauben an die Vertrauenswürdigkeit des Menschen aufrechterhalten wird, wenn Misstrauen aufkeimt, als herausfordernd. Auch der Verzicht auf eigene, schnelle Entscheidungen im Alleingang und ohne Berücksichtigung der Prozesse ist für sie schwierig. Gleichzeitig beschreiben sie es als wahre Befreiung, wie entlastet sie sind und wie einfach ihre Arbeit geworden ist, weil die Verantwortung im gesamten System verteilt ist und nicht mehr auf ihren Schultern allein liegt. Jos de Blok beispielsweise sagte mir voller Begeisterung, dass er in neun Jahren Gründungs- und Aufbauphase von Buurtzorg noch nie ein Abstimmungsmeeting hatte. Das Wachstum in diesen Organisationen geschieht ganz organisch und selbstorganisiert nach den Regeln des Systems und wird von allen Mitarbeitern eigenverantwortlich vorangetrieben, weil sie die Notwendigkeit und einen Sinn darin sehen, das zu tun. Auch neue Geschäftsmodelle entstehen, weil Mitarbeiter den Bedarf sehen und Gleichgesinnte finden, die Entscheidungen treffen und es einfach machen.

Räume und äußere Erscheinung

Ist Ihnen aufgefallen, wie standardisiert die Büroräume und auch die Kleidung der Mitarbeiter sind, die das äußere Erscheinungsbild in klassischen Organisationen prägen? Es handelt sich dabei um eine Verabredung, eine ungeschriebene, aber gelebte Vorgabe, die dazu führt, dass nur ein gewisser Teil der Persönlichkeit im Unternehmen in Erscheinung tritt. Sie haben sicherlich auch schon gehört oder vielleicht auch von sich selbst gesagt, dass man im Job jemand ganz anderes ist als privat. Was damit gemeint ist? Gewisse Einstellungen, Verhaltensweisen, Emotionen, Vorlieben haben im Beruf nichts zu suchen. Schauen wir auf Start-ups: Sie sind oft in coolen Büroräumen, Lofts, Altbauetagen, alten Fabrikhallen untergebracht, Grünpflanzen, Bilder, individuelle Artefakte, kreatives Durcheinander, individualisierte Arbeitsumgebungen, lockere Kleidung, teilweise sogar Haustiere am Arbeitsplatz sind nicht unüblich. Sehen Sie den Unterschied? Auch das spielt eine Rolle dabei, wie Menschen sich verhalten und welche Seiten sie am Arbeitsplatz von sich zeigen und einbringen.

Evolutionäre Organisationen gehen sehr bewusst damit um, ihre äußere Umgebung so zu gestalten, dass sie dem Miteinander und dem Geschäftszweck dient. Sie wollen sehr bewusst den Mitarbeiter mit allen Facetten in der Organisation haben, weil sie glauben, dass Demotivation und Unkreativität auch dadurch entstehen, wenn man Teile von sich unterdrücken muss. Es ist die emotionale Seite des Menschen, die auch seine kreative Seite ist. Die rechte Gehirnhälfte steht für Emotionen, Synthese, Intuition und Kreativität. Mit der Aufweichung der Grenze zwischen Privatem und Beruf, was sich sowohl in den Räumlichkeiten als auch in der Kleidung, aber auch in der Wahl von Arbeitszeit und Arbeitsort niederschlägt, zeigt das evolutionäre Unternehmen, dass es etwas Wesentliches verstanden hat. Es zeigt, wie stark Räume einen Einfluss auf uns als Menschen haben und wie sie uns dabei unterstützen, verschiedene Seiten zum Vorschein zu bringen.

Die klassischen Organisationen mit ihren standardisierten Büros und ihren Dresscodes unterstützen durch ihren gewählten äußeren Rahmen vor allem die Nutzung der linken Gehirnhälfte, die für Logik, Mathematik, Kausalitäten und Rationalität gebraucht wird. Eine die Kreativität anregende Umgebung gibt es in ihnen so gut wie nicht. Auch das ist ein weiterer Faktor, aus dem sich die niedrige Innovationsfähigkeit der klassischen Organisationen herleitet. Alphabets Zentrale im kalifornischen Mountain View ist ein fabelhaftes Beispiel eines ganzheitlichen Denk- und Innovationsraums. Die inspirierende Nähe der Natur, vielfältige Arbeitsumgebungen, die je nach Anforderung selbstständig und neu gewählt werden können, kein Dresscode, diverse Restaurant-, Café-Bar- und Deli-Angebote bieten den Mitarbeitern den Raum, der für ihre jeweilige Aufgabe im Moment der richtige ist. Viele evolutionäre Organisationen wählen bewusst einen Standort nahe oder in der Natur, weil die Natur die kreative und schöpferische Kraft schlechthin auf diesem Planeten ist und sie einen ausgleichenden und anregenden Effekt auf die Psyche des Menschen hat.

Collaboration-Software

Um Vernetzung, Kommunikation und Wissenstransfer sicherzustellen, bedienen sich viele evolutionäre Organisationen einer Collaboration-Software. Auch die Mitarbeiter von Buurtzorg nutzen eine solche Intranet-Software-Lösung, um neue Dinge voranzubringen und miteinander im Austausch zu bleiben. Wenn dort jemand eine Idee hat, postet er sie im Intranet und fragt, ob jemand anderes bereits mit einer ähnlichen Idee beschäftigt ist und welche Hinweise und Einschätzungen es in der Organisation zu dieser Idee gibt. Alle Mitarbeiter von Buurtzorg nutzen das System intensiv und loggen sich mehrfach am Tag ein, um dem Gedankenaustausch in der Organisation zu folgen. Aus diesem Grund bekommt man auf ein Posting innerhalb von Minuten erste Resonanzen – und schon nach einem Tag hat mindestens ein Drittel aller Mitarbeiter sich mit der Idee beschäftigt. Auf diese Weise entsteht schnell Klarheit darüber, ob in der Organisation Energie für das Thema vorhanden ist und ob an anderer Stelle eventuell bereits Erfahrungen bestehen, die weiter mit einfließen sollten.

So entstehen neue Projekte und die einzelnen Teams teilen mithilfe dieser Software Erfahrungen, die sie gemacht haben, mit anderen Teams. Der Gründer Jos de Blok berichtet, wie einfach es ist, Veränderungen mithilfe dieses Tools in der Organisation durchzuführen. Hat jemand eine Idee, wie beispielsweise die Abrechnung einzelner Leistungen vereinfacht werden könnte, so stellt er sie online vor und bittet um Feedback. Ist das Feedback ganz überwiegend positiv, kann man davon ausgehen, dass die Vereinfachung tatsächlich eine Vereinfachung ist und nicht nur in seinen Augen so wirkt, als sei es eine. Fehlsteuerungen durch Elfenbeinturmentscheidungen wird so entgegengewirkt. Entsprechend kann er dann als zweiten Schritt vorschlagen, diese Änderung einzuführen. Dadurch, dass die Mitarbeiter durch ihre Resonanzen bestätigt haben, dass es sich tatsächlich um eine Verbesserung handelt, werden sie diese Änderung ohne Widerstände und ohne weitere Erklärungen übernehmen. Weder müssen dazu Prozesshandbücher geschrieben noch Change-Management-Programme aufgelegt werden, wie es bei solchen Änderungen in klassischen Organisationen nötig wäre. Eine solche Softwarelösung setzt auf die unzensierte Einbindung und Meinungspluralität der gesamten Mitarbeiterschaft. Es ist kein Tool, mithilfe dessen die Führung Entscheidungen kommuniziert. Sondern es ist ein Meinungsbildungstool, das auf die Intelligenz aller und die dialogische Entwicklung durch die Masse setzt.

Rollen statt Stellen

Die evolutionären Organisationen bilden die Erkenntnis ab, dass die Grundstruktur ihrer Organisation in Wahrheit ein natürliches Netzwerk aus Beziehungen und Arbeitsverbindungen ist, in dem sie keine festen Stellen haben. Stellen sind immer starr und schwer veränderbar und passen nicht zum Bedarf einer evolutionären Organisation an organischer und stetiger Bewegungsfreiheit und Weiterentwicklung. Die evolutionären Organisationen setzen anstatt dessen auf Rollen, die die Mitarbeiter einnehmen. Die Menschen suchen sich ihre Rollen anhand ihrer Fähigkeiten und Interessenslagen aus und sind auf diese Weise fast die ganze Zeit mit Dingen beschäftigt, deren Auswahl sie aufgrund ihrer Fähigkeiten und Schwerpunkte getroffen und die sie selbst zu verantworten haben.

Dieses Vorgehen bildet auch die Art ab, wie Personalentwicklung in den Unternehmen passiert: selbstgesteuert und durch das Wechseln oder Ändern der eigenen Rolle. Der Entwicklungsimpuls bleibt so beim Mitarbeiter – auch das ist ein Zeichen der Selbstverantwortung, die die evolutionären Organisationen leben. Durch das Vorgehen, Rollen anstatt Stellen zu haben, ergeben sich wesentlich vielseitigere Aufgabenpakete, die der Tatsache Rechnung tragen, dass die meisten Menschen mehr als eine Fähigkeit und mehr als ein Interesse haben. Die Arbeit in diesen Organisationen ist also auch inhaltlich ganzheitlicher und trägt mehr dem Rechnung, was ein Mensch an Talenten und Fähigkeiten mitbringt. Naturgemäß ist es für den Menschen befriedigender, in dieser Ganzheitlichkeit gebraucht zu werden.

Ganz praktisch erfolgt die Rollenauswahl in einem Rollenmarkt im Intranet oder mit einer Collaboration-Software, wo freie Rollen, die von Mitarbeitern als wichtig erachtet werden, ausgeschrieben werden. Andere Mitarbeiter können dort auswählen, welche Rolle sie übernehmen wollen. Möchte ein Mitarbeiter eine Rolle abgeben, so stellt er sie ebenfalls in den Rollenmarkt ein – und erst, wenn es einen anderen Mitarbeiter gibt, der diese Rolle übernehmen möchte, kann er sie wieder abgeben. Es gibt durch den Rollenmarkt niemand anderen mehr, der für die eigenen Aufgaben verantwortlich gemacht werden kann. Die gesamte energie- und zeitfressende Diskussion auf der Hinterbühne der klassischen Unternehmen, bei dem Mitarbeiter den Chef für Missstände in den eigenen Aufgabenbereichen verantwortlich machen, fällt dadurch weg.

Projektmarkt

Es gibt kaum ein Thema in einem klassischen Unternehmen, das so ambivalent gesehen wird wie das Thema »Projekte«. Neuartige und übergreifende Veränderungen können in einer klassischen Organisation nicht in der hier typischen Linienstruktur abgebildet werden. Gleichzeitig scheitern unheimlich viele mit Elan gestartete Projekte durch Widerstände aus eben dieser Linienstruktur. Eine zweite große Herausforderung in klassischen Organisationen ist der Umgang mit Projekten, bei denen insgeheim fast jeder weiß, dass es sich um ein »totes Pferd« handelt, das weiter geritten wird. Die Unternehmen haben es sehr schwer, zuzugeben, dass ein Projekt sich während der Erarbeitung vielleicht als nicht realisierbar erwiesen hat. Das käme einem Scheitern gleich und stattdessen wird mit viel Anstrengung weitergearbeitet – und auf den Punkt gewartet, bis sich das Projekt durch Nichterfolg von selbst erledigt.

Auch betreiben viele Unternehmen eine fast schon unüberblickbare Menge an Projekten, für die Mitarbeiter häufig nicht freigestellt sind, sondern die zusätzlich zu ihren »Linienaufgaben« bewältigt werden müssen. Evolutionäre Organisationen gehen einen anderen Weg, indem sie sich sehr bewusst sind, dass Innovationsideen und Veränderungsimpulse nicht zentral im Topmanagement, in einer Strategieabteilung oder in der Führungsstruktur entstehen. Sie wissen, dass solche Impulse überall in der Organisation entstehen, weil die Mitarbeiter Einflüsse wie beispielsweise technische Neuerungen oder veränderte Kundenbedürfnisse wahrnehmen. Evolutionäre Organisationen haben deshalb keine fest vorgegebene Projektstruktur. In ihnen kann jeder Mitarbeiter ein Projekt gleich einer »Graswurzelbewegung« selbst beginnen, wenn er einen Nutzen darin sieht. In einem solchen Fall stellt er seine Projektidee in die interne Collaboration-Software ein und wartet ab, welche anderen Mitarbeiter sich für das Thema interessieren. Der Vorteil ist, dass so kein Zwang entsteht, am Projekt mitzuarbeiten, sondern dass Freiwilligkeit und Interesse die Voraussetzungen sind, aufgrund derer sich Projektmitarbeiter melden. Diese Organisationen beobachten auch, dass durch die Resonanz oder Nichtresonanz eine ganz natürliche Auslese der wirklich relevanten Themen geschieht. Außerdem schlafen Projekte einfach ein, wenn die Projektgruppe im Verlauf ihrer Arbeit am Thema merkt, dass es unüberwindbare Hemmnisse gibt oder das Thema sich als doch nicht so relevant erweist, wie sie anfangs dachte. Das Vorgehen ähnelt dem »Rapid Prototyping«, welches für eine Innovationskultur zwingend ist – und das System sorgt in dieser Weise selbstorganisiert dafür, dass keine Ressourcen verschwendet werden. Das ist ein hocheffizientes Handeln, das in der gesamten Organisation verankert und von ihr getragen wird.

Evolutionäre Organisationen haben keine fest vorgegebene Projektstruktur.

Entscheiden

Die Qualität und Geschwindigkeit von wichtigen Entscheidungen sind das Herzstück jeder Organisation. Klassische Organisationen kennen dabei nur zwei Vorgehensweisen: Entweder wird eine Entscheidung im Konsens von mehreren Personen erzielt, oder es entscheidet der Chef. Heutzutage hat sich die empfundene Wichtigkeit von Konsensentscheidungen, bei denen viele Betroffene beteiligt sind, immer mehr durchgesetzt. Mit dieser Haltung geht eine enorme Lähmung der Organisationen im Hinblick auf Geschwindigkeit und Handlungsmut einher. Fast jede klassische Organisation jammert über die Vielzahl von Abstimmungsrunden und Meetings, die zumindest den Kalender der Führungskräfte fast komplett einnehmen. Die einzige Alternative in diesen Runden ist die Verlagerung der Entscheidung auf die Ebene darüber.

Ein anderer Weg erscheint den meisten offensichtlich nicht denkbar. Es gibt ihn aber: Selbstführende Organisationen treffen Entscheidungen mithilfe des Beratungsprozesses. Seine Grundlage ist, dass jeder Mitarbeiter im Unternehmen jede Entscheidung treffen darf. Damit ist wirklich gemeint, was es sagt: Anlageentscheidungen, Immobilienkäufe, Einstellung von Mitarbeitern – alle diese Entscheidungen können von allen Mitarbeitern alleine getroffen werden. Vorher muss der Mitarbeiter aber mit den relevanten Betroffenen und Know-how-Trägern gesprochen und ihre Meinung zum Vorgehen eingeholt haben. Die Unterlassung dieses Vorgehens ist in selbstorganisierenden Unternehmen fast das größte Fehlverhalten. Indem Entscheidungen auf diese Weise getroffen werden, geschieht Folgendes: Die Mitarbeiter können eigene Ideen selbstverantwortlich weiterbringen und über ihre Umsetzung entscheiden. Gleichzeitig fließt das Know-how der Organisation in diese Entscheidungen ein.

Betrachtet man das aus der kulturellen Brille der Leistungsstufe heraus, würde man fragen, wie man denn sicherstellen könne, dass hier kein unverantwortlicher Blödsinn entschieden wird. Aber vor dem Hintergrund des in evolutionären Unternehmen üblichen Vertrauens in den Menschen und seine Fähigkeit, mit Komplexität angemessen umzugehen, ist es nur konsequent, ihm eben auch die volle Entscheidungsbefugnis zu übertragen. Die evolutionären Organisationen haben dabei die Erfahrung gemacht, dass es hervorragend funktioniert. Es ist keine Anhäufung von millionenschweren Fehlentscheidungen zu beobachten, da vor der Entscheidung viele Informationen durch den Entscheider eingeholt werden müssen. Gleichzeitig erhöht sich auf diese Weise die Innovationsrate drastisch, Meetings mit langatmigen Gruppendiskussionen gibt es nicht, und es kommt zu einer hohen Entscheidungs- und Umsetzungsgeschwindigkeit.

Ein Nebeneffekt des Beratungsprozesses ist auch, dass Betroffene und Know-how-Träger im Vorfeld der Entscheidung befragt wurden und dass sie dadurch nicht von der Entscheidung überrascht werden. Auch Entscheidungen, die der eigenen Meinung entgegenlaufen, werden akzeptiert, weil man die eigene Perspektive in die Entscheidungsvorbereitung einbringen konnte und man Vertrauen in die Entscheidungsfähigkeit der Kollegen hat.

Informationsfreiheit

Es geht bei evolutionären Organisationen darum, »Psychological Ownership« der Mitarbeiter am Unternehmen zu erreichen. Das gelingt, wenn Informationen frei zugänglich sind und mit allen Mitarbeitern geteilt werden. Aus der Brille einer klassischen Organisation erscheint das gefährlich, weil beispielsweise gerade bei Innovationen oder bedrohlicher Finanzlage zunächst in exklusiver Runde vorgedacht werden soll. Dieses Vorgehen wird deshalb gewählt, weil man bei Innovationen befürchtet, dass Informationen nach außen dringen und von Konkurrenten kopiert werden könnten. Im Falle einer bedrohlichen Finanzlage hingegen will man die Mitarbeiter nicht unnötig beunruhigen.

Die Haltung in einer evolutionären Organisation ist eine andere. In puncto Innovationen geht das Unternehmen davon aus, dass eine Idee nutzbringend ist und möglichst gut von vielen getragen und vorangebracht werden sollte. Es wird auch begrüßt, wenn Wettbewerber in eine ähnliche Richtung denken, denn die Gestaltung einer nachhaltigen Wirtschaft ist diesen Organisationen wichtiger als eine Gewinnmaximierung für sich selbst. Insofern braucht es keine Geheimhaltung in dem Sinne, wie sie klassische Organisationen verfolgen. Natürlich muss man schauen, was passieren würde, wenn investitionsintensive Geschäfte, wie beispielsweise die Erforschung neuer Medikamente, mit der evolutionären Haltung erfolgen würden. Vermutlich wäre zum Schutz der Investitionen ein modifiziertes Vorgehen nötig.

In Situationen, die das Unternehmen wirtschaftlich herausfordern und krisenhaft sind, zahlt sich die Informationsfreiheit ebenfalls besonders aus. Jean-François Zobrist, der Geschäftsführer von FAVI, geht in einem solchen Fall direkt auf die Mitarbeiter zu und bespricht mit ihnen, was los ist. Mitunter schnappt er sich einen Hocker und stellt sich in die Fertigungshalle seiner Produktion. Dort ruft er alle Mitarbeiter zusammen und erläutert ihnen umfänglich die Herausforderung. Er bittet sie um Vorschläge, wie FAVI mit der Situation umgehen soll. Er hat die Erfahrung gemacht, dass die Mitarbeiter selbst Lösungen wie temporäre Lohnkürzungen, Verzicht auf Schichtzuschläge oder Weihnachtsgeld vorschlagen. Die übernommene Verantwortung der Mitarbeiter bezieht sogar die Leiharbeiter mit ein. In der Wirtschaftskrise 2007 haben die Mitarbeiter entschieden, anstatt die Leiharbeiter zu entlassen, lieber selbst auf Gehalt zu verzichten. FAVI musste deshalb tatsächlich noch nie rote Zahlen schreiben und auch noch nie einen Mitarbeiter aus konjunkturellen Gründen entlassen, obwohl es Schwankungen der Auftragslage von bis zu 50 Prozent gab. Man kann sich leicht vorstellen, was diese Schwankungsbreite in klassischen Organisationen ausgelöst hätte – Entlassungswellen und Restrukturierungsmaßnahmen wären zwangsläufig gewesen. In klassischen Unternehmen herrscht die latente Annahme, dass Mitarbeiter ihren finanziellen Nutzen einseitig maximieren würden, wenn sie könnten. Es zeigt sich jedoch genau das Gegenteil: Den Mitarbeitern ist bewusst, dass sie das Unternehmen schützen müssen, um ihre Arbeitsplätze zu erhalten. Die Informationsfreiheit in den evolutionären Organisationen ist nur eine Kausalität, die sich aus der beschriebenen Haltung des Vertrauens gegenüber den Mitarbeitern ergibt. Und gleichzeitig würde ohne die Informationsfreiheit das natürliche, hierarchiefreie Netzwerk dieser Organisationen nicht funktionieren.

Strategieentwicklung

Evolutionäre Organisationen haben auch keinen fest etablierten Strategieentwicklungsprozess. Dadurch, dass Innovationen die ganze Zeit überall in der Organisation entstehen, ergeben sich eine organische Strategie und ein organischer Weiterentwicklungsprozess, der auch in großen Weiterentwicklungssprüngen stattfinden kann. Es ist so, als hätte die Organisation selbst ein Gespür dafür, wo ihr strategischer

Weg ist. So ist bei Buurtzorg, bisher ein Unternehmen der mobilen Alten- und Krankenpflege, gerade eine Geschäftsmodellerweiterung entstanden, in der eine Gruppe ein Erholungszentrum für die Angehörigen von Demenzkranken aufbaut. Eine andere Gruppe wiederum baut gerade eine mobile Kinderkrankenpflege auf. Niemand hat den Mitarbeitern gesagt, dass das strategisch sinnvoll ist – der Impuls entstand aus ihnen heraus, sie fanden über die Collaboration-Software Mitstreiter oder haben neue Mitarbeiter eingestellt, sie analysieren selbstständig den Bedarf und die Refinanzierungsmöglichkeiten, treffen die Entscheidungen nach Abstimmung mit den Stakeholdern und setzen die Idee um.

Konfliktlösung

Wenn ich mit Menschen über evolutionäre Organisationen spreche, so kommt immer wieder die Frage auf, wie denn Konflikte gelöst würden. Denn natürlich gibt es überall, wo Menschen aufeinandertreffen, unterschiedliche Standpunkte, Missverständnisse, Eskalationen oder Übergriffe, die geklärt werden müssen. Es hat sich gezeigt, dass ein hoher Anteil der Konflikte in den Teams selbst angegangen wird. Das ist deshalb so, weil die Teams sich für ihr Feld voll verantwortlich fühlen und Missverständnisse zwischen Kollegen oder Unterschiede in der Arbeitsweise sofort sicht- und spürbar werden. Deshalb ist es auch der natürliche erste Schritt, dass die Kollegen eigenständig versuchen, den Konflikt zu lösen. Gelingt ihnen das nicht, so gibt es eine dialogische Konfliktlösungsmethode, die auf der Haltung basiert, den anderen und dessen Motive und Sichtweisen erst zu verstehen, bevor man sie beurteilt – oft unter Hinzunahme unparteiischer Moderatoren. Sie gehört zum Standardrepertoire dieser Organisationen und verhindert, dass Konflikte ungeklärt bleiben und dadurch in latente, negative Energie umgewandelt werden, die die Zusammenarbeit belastet. In klassischen Organisationen machen Konflikte oft Angst und werden lange »unter den Teppich gekehrt«. Neben dem Beratungsprozess, der deutlich macht, dass das Treffen von Entscheidungen ein bedeutender Faktor für Schnelligkeit oder Langsamkeit in Organisationen ist, zeigt die Schaffung und Verbreitung einer Konfliktlösungsmethode, dass die

Organisation um die behindernde Auswirkung ungeklärter Konflikte weiß. Dieser reife Umgang mit Konflikten steht für eine Organisationskultur, die anerkennt, dass Organisationen in ihrem Zusammenhalt und ihrem menschlichen Miteinander psychologisch zu behandeln sind.

Beurteilung und Vergütung

Unternehmen führen Beurteilungssysteme primär aus zwei Gründen ein: Zum einen möchte ein Unternehmen der Frage nachgehen, inwieweit ein Mitarbeiter in der Lage ist, die ihm übertragenen Aufgaben zu erfüllen oder auch etwaige andere Aufgaben zu übernehmen. Zum anderen dient die Rückmeldung dem Mitarbeiter, um sich weiterentwickeln zu können. In klassischen Organisationen gibt es dazu sehr aufwendige Prozeduren, um diesen Anforderungen möglichst objektiv gerecht zu werden. Es gibt aber gleichzeitig eine große Schwierigkeit dabei: Die Beurteilung in klassischen Organisationen wird meistens durch den Vorgesetzten durchgeführt. Er hat aber nur einen sehr gefärbten und verengten Blick auf den Mitarbeiter – zumal viele Mitarbeiter sich gerade gegenüber ihrem Vorgesetzten wegen der Sanktionsmöglichkeiten, die er besitzt, nicht wirklich zeigen.

> **Evolutionäre Organisationen setzen bei der Beurteilung auf die Kollegen, da es keine Führungskräfte gibt.**

Oft sind es eigentlich die Kollegen, die im direkten Arbeitsalltag sehr genau beurteilen können, welche Leistungen jemand erbringt. Evolutionäre Organisationen müssen sowieso auf die Beurteilung durch die Kollegen setzen, da es keine Führungskräfte gibt. Der so durchgeführte Prozess ist außerdem durch die bessere Urteilskraft der Mitarbeiter und Kollegen, die im Arbeitsalltag zusammenarbeiten, wesentlich valider. Es findet zu diesem Zweck ein dialogischer Prozess statt, bei dem Kollegen aus verschiedenen Bereichen anwesend sind, mit denen der Mitarbeiter zusammenarbeitet. Die Unternehmen verknüpfen den Beurteilungsprozess auch häufig mit der Diskussion und Festlegung der Vergütung. Durch die Shareholder-Value-Maximierung der klassischen Organisationen besteht in ihnen eine Tendenz, dass auch die Mitarbeiter vor allem versuchen, das höchstmögliche Gehalt zu erzielen. Mich verwundert es nicht, dass – basierend auf dieser Erfahrung – die meisten Manager die Idee, die Mitarbeiter das eigene Gehalt bestimmen zu lassen, für völlig verrückt erklären. Es hat sich aber in allen evolutionären Organisationen gezeigt, dass man den Menschen auch in dieser Hinsicht vertrauen kann. Es stellt sich ein leistungsabhängiges Gehaltsgefüge ein, das auch die Leistungsfähigkeit des Unternehmens berücksichtigt.

Onboarding

Tatsächlich ist der Bewerbungs- und Auswahlprozess (Onboarding-Prozess) der evolutionären Organisation einer der wenigen Vorgänge, die wesentlich länger dauern als in einer klassischen Organisation. Das liegt daran, dass die Organisation dem Bewerber während des Prozesses die Chance geben will, herauszufinden, ob das Unternehmen und sein Unternehmenszweck sowie die Art der eigenverantwortlichen Mitarbeit für den Bewerber passend sind. Zu erfassen, wie die Arbeit funktioniert, welche Prozesse anders sind als das, was er oder sie vorher meistens erlebt hat, braucht seine Zeit.

Es hat sich aber auch gezeigt, dass es eine geringe Anzahl an Menschen gibt, die es trotz der Rahmenbedingungen in den evolutionären Organisationen nicht schaffen, eigenverantwortlich zu handeln. Sie sind darauf angewiesen, Anweisungen und Entscheidungen zu erhalten, um arbeiten zu können. Der intensive Onboarding-Prozess gibt dem Unternehmen die Möglichkeit, herauszufinden, ob es mit der Übernahme von Selbstverantwortung klappen wird oder nicht. Der Ablauf des Onboarding-Prozesses ist so, dass Bewerber mit verschiedenen Personen Gespräche führen, die sich über einen gewissen Zeitraum mit ausreichender Gelegenheit zur Reflexion und Formulierung weiterer Fragen erstrecken. Für die evolutionäre Organisation sind die wichtigsten Gespräche die, die der Bewerber aus seiner angestrebten Rolle heraus mit künftigen Kollegen führt. Es hat sich für die Organisationen gezeigt, dass die Kollegen sehr genau erkennen können, ob jemand zu ihnen passt und in der Lage ist, mit den kulturellen und strukturellen Gegebenheiten und den Anforderungen der Organisation an ihre Mitarbeiter umzugehen.

Trennungsprozess

Manche Menschen, die das erste Mal von Unternehmen hören, die nach den Prinzipien der Selbstorganisation arbeiten, fragen sich vor allem, wie es denn ohne höhere Entscheidungsmacht funktioniert, jemanden zu entlassen. Tatsächlich funktioniert das ebenfalls eigenverantwortlich. Die schlechte Leistung fällt – so wie auch im klassischen Unternehmen – natürlich den Mitarbeitern auf. Da es keine andere Instanz als die Mitarbeiter gibt, werden sich die betroffenen Kollegen, die die schlechte Leistung kompensieren, verantwortlich fühlen, den Missstand mit dem Betreffenden zu besprechen. Bei solchen Gesprächen kommt auch oft die weiter oben beschriebene Konfliktlösungsmethode zur Anwendung. Wenn die Mitarbeiter sich mit dem Gespräch überfordert fühlen, ziehen sie einen Kollegen hinzu, der nicht direkt betroffen ist, aber in der Anwendung der Konfliktlösungsmethode als Moderator ausgebildet ist. Das Ziel eines solchen Gesprächs sind konkrete Absprachen zur Verbesserung der Situation und die Vereinbarung eines weiteren Gesprächstermins nach einer gewissen Zeit. Auch eine Rollenveränderung über den Rollenmarkt kann eine Option sein.

Ändert sich die Situation nicht nachhaltig, werden die Kollegen den Betreffenden bitten, die Firma zu verlassen. Tatsächlich geschieht das danach oft von selbst, denn meistens spürt der Betreffende selbst die Diskrepanzen. Manchmal kommt es auf diesem Weg aber nicht zu einer Klärung und dann beraten die Kollegen sich mit anderen Kollegen darüber, was zu tun ist. Gibt es keine Aussicht auf eine Verbesserung der Situation bei Verbleib des Betroffenen in der Firma, treffen sie so mithilfe des Beratungsprozesses die Entscheidung zur Entlassung. Tatsächlich ist es äußerst selten der Fall, dass jemand mithilfe des Beratungsprozesses entlassen werden muss. Der sorgfältige Onboarding-Prozess, leichtgängige Veränderungen der Aufgabe und des Umfelds durch den Rollenmarkt, der soziale Druck der Kollegen und die konfliktlösungsorientierte Vorgehensweise sorgen meistens dafür, dass es so weit nicht kommt. Und wenn es trotzdem nicht passt, mündet es fast immer in der selbstständigen Kündigung des Mitarbeiters.

Mit gutem Beispiel voran

Lassen Sie mich im Folgenden drei Firmen beschreiben, die die in diesem Buch erklärten Prinzipien erfolgreich umsetzen. Die Ausgangssituation ist bei allen drei Firmen unterschiedlich. Harley-Davidson hat Anfang der 1980er-Jahre mit enormer Kraftanstrengung eine lange Krise überwunden und dann angeführt durch den CEO Richard Teerlink die von ihm »Circle Organization« genannte Organisationsstruktur eingeführt. Sie passt zu der im vorderen Teil beschriebenen »empowerten« Organisation. Das niederländische Pflegedienstleistungsunternehmen Buurtzorg wurde vor rund zehn Jahren von Jos de Blok neu gegründet und von Anfang an evolutionär strukturiert. Der nordfranzösische Automobilzulieferer FAVI wurde 1983 von Jean-François Zobrist als Geschäftsführer übernommen und zu einer evolutionären Organisation verändert.

Eines ist den drei Firmen jedoch gleich: Der erste Anstoß für die gewählte Organisationsstruktur ging von einem Menschen aus, der davon überzeugt war, dass die Ideen und die Haltung der Mitarbeiter die wichtigsten Ressourcen des Unternehmens sind. Alle drei Männer trauten den Mitarbeitern zu, Verantwortung zu übernehmen und ganzheitlich über das Unternehmen nachzudenken und entsprechend zu entscheiden. Und alle drei sahen ihre Rolle nicht darin, andere anzuweisen und festzulegen, welchen Weg das Unternehmen gehen soll, um erfolgreich zu sein. Aber alle drei hatten eine Vision davon, welche Strukturen es benötigt, um die bestmögliche Zusammenarbeit der Mitarbeiter zu fördern. Richard Teerlink sagt zu dieser Vision, dass sie offensichtlich ist, wenn man sich den Menschen anschaut – sie basiert seiner Meinung nach schlicht auf gesundem Menschenverstand. Lassen Sie uns einen Blick in diese Unternehmen werfen, um diese Haltung und das Vorgehen zu verstehen.

Harley-Davidson

Heute ist Harley-Davidson den meisten von uns nur noch als immense Erfolgsgeschichte des Motorradbaus bekannt – verknüpft mit einem klaren »Way of life«, einem Lebensgefühl von Freiheit und Unabhängigkeit. Anfang der 1980er-Jahre jedoch lag die Firma am Boden. Schlechte Qualität und überalterte Technik waren die vorherrschenden Beschreibungen der Kunden über die Marke und das Produkt. Yamaha und Honda bestimmten den Markt mit einer gänzlich anderen, auf perfekter Technik basierenden Herangehensweise. Nur mit knapper Not konnte Harley-Davidson der Insolvenz entrinnen und es war klar, dass man eine neue Ausrichtung der Firma brauchte, um zu überleben. In diesem Kontext tat sich immer stärker Richard Teerlink, ein Mitglied der Geschäftsleitung, hervor. Er war davon überzeugt, dass die neue Ausrichtung nicht mit der immer gleichen Top-down-Haltung erreicht werden konnte. Vielmehr war er sicher, dass die Mitarbeiter der einzige nachhaltige Wettbewerbsvorteil einer Firma sind. Seiner Haltung lag zugrunde, dass ein Leader zwar alle Stakeholder im Blick haben soll, jedoch insbesondere ein Anwalt der Mitarbeiter sein muss, der sicherstellt, dass sie der Mittelpunkt und die Spitze einer Organisation sein können. Er beschreibt sich selbst als einen Menschen, der gern zuhört und ein Teamplayer ist.

Im Rahmen des Veränderungsprozesses bei Harley-Davidson war es für Teerlink die größte Herausforderung, das gelernte Command-&-Control-Modell zu überwinden, bei dem jeder ständig erwartete, von oben die Richtung vorgegeben zu bekommen. Er beschreibt, dass man Vertrauen in die Fähigkeiten der Mitarbeiter und große Disziplin der Leader braucht, um den natürlichen Erwartungen nach Entscheidungen von oben zu widerstehen und eine Firma zu erschaffen, in der Verantwortung von allen getragen wird. Das wesentliche Kernstück, mit dem er den Veränderungsprozess begonnen hat, war die gemeinsame Erarbeitung einer Zukunftsvision für das Unternehmen. Er wusste, dass Menschen

> **Das wesentliche Kernstück, mit dem der Veränderungsprozess begann, war die gemeinsame Erarbeitung einer Zukunftsvision.**

einerseits Programme, die ihnen verordnet werden, ablehnen, und dass sie andererseits Programme akzeptieren und umsetzen, an deren Erarbeitung sie beteiligt waren. Er beschreibt, dass er wusste, dass man eine Strategie braucht, der sich Kunden, Mitarbeiter, Händler, Eigentümer anschließen können.

Gleichzeitig wollte er unbedingt die Art ändern, wie mit Mitarbeitern umgegangen wird. Insbesondere ging es ihm darum, eine ganzheitlichere und verantwortlichere Arbeitsatmosphäre zu erschaffen, in der Mitarbeiter nicht mehr auf Anweisungen warten und innerhalb strikter Limits agieren und denken.

Um diese Ziele zu erreichen, startete Teerlink einen anderthalb Jahre währenden Dialogprozess, der in Gruppen verlief und alle 2000 Mitarbeiter und ihre Gedanken involvierte, zusammenfasste, zurückspiegelte, konkretisierte und zur Entscheidung brachte. Eine besondere Rolle kam dabei den 60 Senior-Managern des Unternehmens zu, die vor allem ihre Art des Leaderships überdenken und ändern mussten. Teerlink beschreibt, dass es in Organisationen häufig sehr angesehene Fachleute auf Führungspositionen gibt. Auch bei Harley-Davidson saßen damals zu viele Leader hinter ihren Schreibtischen und dachten kluge Gedanken, weil sie sich als Quelle der Weisheit, beste Problemlöser und Alleinverantwortliche definierten. Manche von ihnen waren nicht bereit, ihre Identität als bester Fachmann aufzugeben, um in die neue Leadership-Rolle hineinzuwachsen. Deshalb mussten im Laufe des Prozesses einige dieser Personen das Unternehmen verlassen, obwohl man nur schmerzlich auf ihre Fachexpertise verzichten konnte. Teerlink hatte erkannt, dass die Mitarbeiter jeden Tag in die Firma kommen, um einen guten Job zu machen, und dass sie dieses auch tun würden, wenn sie die geeigneten Voraussetzungen dafür vorfinden. Er sah es als die Aufgabe der Leader an, Strukturen in Form von Prozessen und einem Organigramm zu erschaffen, um diese Kraft zum Fließen zu bringen.

Er bezeichnet die Businessprozesse als intensivste Form der Kommunikation einer Organisation. Der Anfang ist für ihn dabei, dass die Organisation auf Fragen der Mitarbeiter eine Antwort findet, da nur die Mitarbeiter die bestehenden Herausforderungen kennen. Im Zuge des Veränderungsprozesses entstand die sogenannte »Circle Organization«, die aus drei miteinander verbundenen Teams – hier »Circle« genannt – besteht. Jedes der Teams verantwortet einen der Kernprozesse der Organisation: Nachfrage erzeugen, Produkt erstellen und Unterstützung organisieren. Die drei »Zirkel« bergen in ihrer Mitte das Leadership- und Strategie-Team, welches sich um Herausforderungen kümmert, die das gesamte Unternehmen betreffen. Dieses Team besteht nur aus sechs Mitgliedern, die von den Mitgliedern der Kernprozesszirkel gewählt werden. Gleich einem großen Zirkel umschließt eine Runde, die alle Stakeholder umfasst, diese vier Teams.

Die Bedeutung, die der Übernahme von Verantwortung und dem übergreifenden Denken der Mitarbeiter zugemessen werden, wird auch darin sichtbar, wie Harley-Davidson mit Mitarbeiterentwicklung umgeht. Es gibt keinen Vorgesetzten, der für seine Mitarbeiter beschreibt, welche Entwicklungsschritte sie gehen müssen. Vielmehr wird ihnen zugetraut, selbst zu erkennen, welche Weiterbildungsschritte sie wie gehen wollen. Im Zuge des als stetig und inkrementell betrachteten Veränderungsprozesses hat Harley-Davidson gemeinsam mit Prof. Peter Senge vom Massachusetts Institute of Technology (MIT) eine Weiterbildungsakademie gegründet.

Mithilfe der klaren Vorstellungen von Teerlink zu den Rollen von Leadership und Mitarbeitern, des von ihm initiierten Visions- und Strategieprozesses, der Lernakademie sowie der »Circle Organization« ist Harley-Davidson zu dem Erfolgsunternehmen geworden, das wir heute alle kennen. Teerlink beschreibt, dass es eine große Herausforderung in partizipativen Veränderungsvorhaben ist, auszuhalten, dass alles viel länger dauert, als sich mancher wünscht, und dass es die Aufgabe der Leader ist, trotzdem an diesem Vorgehen festzuhalten. Harley-Davidson ist ein sehr gutes Beispiel einer »empowerten« Organisation, bei der es eine immerwährende Aufgabe der Führungskräfte bleibt, dem Impuls der Mitarbeiter, Anweisungen von oben erhalten zu wollen, zu widerstehen. Die pyramidale Hierarchie wurde nicht aufgelöst, und sie bringt ein solches nach-oben-schauendes, reaktives Verhalten natürlich hervor. Richard Teerlink postuliert, dass der erste und wichtigste Schritt eines Leaders auf diesem Weg mit dem Blick in den Spiegel und der stetigen Überwindung des eigenen Egos beginnt.

Buurtzorg

Der Gründer von Buurtzorg, Jos de Blok, beschreibt, wie es in seinem Kompetenzfeld, der häuslichen Pflege, zuging, bevor er vor etwa zehn Jahren seine Firma gründete: Der Beruf des Pflegers war mithilfe von Effizienzberechnungen in einzelne Handgriffe fragmentiert worden, die mit einem exakten Minutenbudget versehen waren. Die Pfleger wurden so zu einer Art Pflegemaschine, obwohl sie ein ganzheitliches Gespür dafür hatten, welche schulmedizinischen, psychologischen und emotionalen Aspekte ein Patient braucht, um gesund zu werden. Jos de Blok hat mit der Gründung von Buurtzorg seiner intuitiven Annahme vertraut, dass Pflege ganzheitlich zum Wohle des Patienten und nicht effizienzgetrieben zum Wohle der Krankenversicherung organisiert werden muss. Das Revolutionäre hinter dieser Annahme ist, dass er sich sicher war, zu gleichen Kosten bei besserer Leistung für die Patienten und größerem Sinnzusammenhang für die Pfleger arbeiten zu können – ohne es vorher quantitativ exakt berechnet zu haben.

Er geht sogar so weit, dass nicht nur die Organisation und Art der Arbeit mit dem Patienten in der eigenen Verantwortung des Pflegers liegt, sondern auch die interne Organisation und Abstimmung, die Weiterentwicklung, die Aufnahme von neuen Patienten, die Einstellung neuer Mitarbeiter, die Gründung weiterer Geschäftsfelder, das unternehmensübergreifende Lernen. In der Unternehmensstruktur von Buurtzorg, wo heute 9500 Pflegerinnen und Pfleger in Teams zu je zwölf Personen zusammenarbeiten, existieren heute im Prinzip viele kleine selbstständige Pflegeunternehmen, die alle nach den gleichen Prozessen der Selbstorganisation arbeiten. Jedes Zwölfer-Team trägt dabei die gesamte Verantwortung selbst und darf seine Aufgaben und sein Vorgehen frei wählen. Die zu bewältigenden Aufgaben des Einzelnen sind aus diesem Grund recht komplex und gleichen denen eines selbstständigen Unternehmers.

Bei der Ausübung der Pflege selbst verfolgen alle Teams den von ihnen ebenfalls als sinnhaft empfundenen Ansatz, der zur Gründung von Buurtzorg geführt hat: den Patienten ganzheitlich bei der Gesundung zu unterstützen. Wenn es die Sehnsucht einer erkrankten älteren Dame ist, ihre in London lebende Enkelin zu sehen, so wird Buurtzorg versuchen, bei der Enkelin hierfür ein Bewusstsein zu wecken. Es kann auch darum gehen, für einen Patienten ein Netzwerk aus Betreuern – seien es Angehörige, Pfleger, Ärzte oder ein Mix daraus – zu etablieren.

Buurtzorg hat heute in den Niederlanden 9500 Mitarbeiter und wächst stetig durch Impulse und Initiativen der Mitarbeiter weiter. Die Zentrale in Almelo hat 30 Mitarbeiter, die vor allem als äußere Anlaufstelle für Behörden, Ministerien oder Finanzämter dienen. Das Unternehmen ist mehrfach in Folge zum beliebtesten Arbeitgeber der Niederlande gewählt worden. Es hat heute einen Marktanteil von fast 50 Prozent. Es gibt bei Buurtzorg keine Führung oder anderweitige Hierarchie. Die Vernetzung der Mitarbeiter untereinander und das Erfahrungslernen erfolgt über eine Collaboration-Plattform. Auch wenn Jos de Blok eine Idee zur Weiterentwicklung und Verbesserung der Firma hat, so stellt er sie auf dieser Plattform zur Diskussion. Binnen weniger Stunden ergeben sich ein Stimmungsbild und eine Tendenz, ob die Idee auch von anderen als Verbesserung wahrgenommen wird. Ist das der Fall, wird die Ausführung ohne erneute Aufforderung von interessierten Mitarbeitern übernommen. Genau auf diesem Weg entstanden jüngst aus der Mitarbeiterschaft die neuen Ideen, ein Erholungsheim für die Angehörigen von Demenzkranken und einen Buurtzorg-Ableger für die mobile Kinderkrankenpflege zu gründen.

Auf diese Weise entstehen Innovationen an den Rändern des Systems, und auch die Umsetzung ist nie zentral gesteuert oder überwacht. Aus diesem Grund ist auch Jos de Blok nicht überlastet. Seine einzige Sonderaufgabe in der Organisation ist die, darauf zu achten, dass nicht doch hierarchische Führung entsteht. Das tut er vor allem dadurch, dass er selbst diesem Impuls widersteht, ihn aber auch erkennt, wenn andere Personen nach Kontrolle oder Anweisungen verlangen. Mich hat es zum Lächeln gebracht, als ich eine Analyse des

Wirtschaftsprüfungsunternehmens KPMG über Buurtzorg gelesen habe. Die Wirtschaftsprüfer haben versucht zu verstehen, warum Buurtzorg eine 50-prozentig schnellere Gesundungsquote seiner Patienten hat – und das ohne die Effizienzbetonung, die andere Pflegeunternehmen heute haben. Das niederländische Gesundheitssystem spart durch Buurtzorg jedes Jahr ungefähr 2 Milliarden Euro ein – durch den ganzheitlichen Ansatz, der eben nicht auf effiziente Durchlaufzeiten, Fragmentierung und streng rationales Herangehen setzt, sondern auf das Wissen, das Gespür und den Willen der Pfleger zur Verantwortungsübernahme. Etwas polemisch könnte man das Fazit von KPMG so zusammenfassen: »Buurtzorg ist billiger und besser – aber wir wissen leider nicht wieso.« Jos de Blok ist heute in Holland in fast allen Branchen ein gefragter Berater, um die Prinzipien seiner Organisation zu vermitteln. In vielen Ländern der Welt wird versucht oder ist es schon gelungen, sein Modell der mobilen Pflege zu übernehmen. Jos de Blok ist der Meinung, dass überall, wo seitens des Staates Geld für häusliche Alten- und Krankenpflege ausgegeben wird, eine Etablierung möglich ist.

> **Die einzige Aufgabe des Gründers ist die, darauf zu achten, dass nicht doch hierarchische Führung entsteht.**

FAVI

Mich hat die Frage bewegt, ob die Organisationsstrukturen der evolutionären Organisationen, die völlig auf Hierarchie verzichten, vom Geschäftszweck der Organisation abhängig sind. Möglicherweise ist es für Vertreter sozialer Berufe, wie die Krankenpfleger von Buurtzorg, nahe liegender, sich so zu organisieren? Aus diesem Grund ist die nordfranzösische Firma FAVI, ein 1957 gegründetes Unternehmen, das als Zulieferer in der Automobilbranche tätig ist, für mich besonders interessant. Bis 1983 war FAVI in einer herkömmlichen Pyramide organisiert. Die Arbeiter waren einem Teamleiter unterstellt, der an den Werkstattleiter berichtete, dieser war dem Abteilungsleiter untergeordnet, der an den Produktionsleiter berichtete, welcher dem Geschäftsführer unterstellt war. Der Produktionsleiter war Teil eines

Leitungsteams, dem auch der Verkaufsleiter, der Konstruktionsleiter, der Planungsleiter, der Instandhaltungsleiter, die Personalentwicklung und die Finanzleitung angehörten. Alle berichteten an den Geschäftsführer. Eine ähnliche Struktur findet sich heute vielleicht mit einigen Hierarchieebenen weniger in vielen produzierenden Betrieben und wird so auch von der gängigen Managementliteratur empfohlen.

In dieser fragmentierten Struktur war es bei FAVI früher so, dass eine Kundenbestellung zunächst die Verkaufsabteilung erreichte. Die Planungsabteilung kalkulierte die notwendige Produktionszeit und legte ein Lieferdatum fest. Anhand dieses Plans wurde durch die Personalabteilung die Mitarbeiterschaft auf die Produktionsmaschinen verteilt. Und die Arbeiter an den Maschinen führten aus, was ihnen gesagt wurde. Dabei fehlte ihnen jeglicher Überblick, warum sie an welcher Maschine arbeiteten, was der Umfang des Auftrags oder wann das Lieferdatum war. Die einzige Anforderung an sie war, zu einem bestimmten Zeitpunkt an einem bestimmten Ort in einer bestimmten Reihenfolge entsprechende Arbeiten in einer festgelegten Zeit zu tun. Doch genauso wie die Arbeiter keinen Einblick in die Bestellung hatten, wussten umgekehrt auch die Planer und Verkaufsleiter nicht, was in der Werkstatt geschah. Aus diesem Grund konnten sie ihren Kunden auch nicht sagen, warum eine Bestellung pünktlich kam und eine andere sich verspätete. Für jeden der Beteiligten war der gesamte Prozess eine Art Blackbox.

Als 1983 Jean-François Zobrist die Geschäftsführung von FAVI übernahm, organisierte er den Betrieb innerhalb von zwei Jahren komplett um. Heute hat FAVI 500 Mitarbeiter, die in Teams zu 15 bis 35 Personen organisiert sind. Die Teams sind fast alle direkt mit einem Kunden verbunden. So gibt es beispielsweise ein VW-Team, ein Volvo-Team und so weiter. Jedes Team organisiert sich selbst – es gibt kein mittleres oder oberes Management, das Dinge vorgibt. Die Abteilungen für Personalentwicklung, Planung, Zeiteinteilung, Konstruktion und Einkauf wurden aufgelöst. Die vorher von ihnen übernommenen Aufgaben werden nun von den Arbeitern in den Teams erledigt. Selbst der Kundenkontakt liegt bei ihnen. Die Arbeit in einem solchen Team kann man sich so vorstellen, dass jede Woche der

Kundenmanager mit seinen Kollegen die Bestellungen des jeweiligen Kunden bespricht. So bekommt jeder im Team direkt und unmittelbar die momentane Auslastungslage mit, die den Produktionsalltag der nächsten Zeit bestimmen wird. Die Planung der Produktion geschieht dann sofort in einer kurzen Besprechung des Teams, in der sich das Team auch auf ein Lieferdatum verständigt. Übt ein Kunde Preisdruck aus, so bespricht der Kundenmanager das mit dem gesamten Team; alle denken gemeinsam darüber nach, ob und wie eine Preissenkung durch eine Verbesserung der Produktivität oder der Prozesse erreicht werden kann. Der Kundenmanager erhält keinerlei Verkaufsziele – seine Motivation besteht darin, für seine Kunden da zu sein und die Arbeitsplätze in der Fabrik zu erhalten. Die Arbeiter sind für ihn nicht gesichtslos, sondern Kollegen, die er gut kennt.

Die Organisationsstruktur von FAVI führt auch dazu, dass alle notwendigen Besprechungen auf der Ebene der Teams stattfinden. Typischerweise planen die Teams drei regelmäßige Treffen. Eines zu Schichtbeginn, eines pro Woche mit dem Kundenmanager, um die Bestellung zu besprechen, und ein monatliches Treffen ohne festen Inhalt. Weitere Treffen können spontan von den Mitarbeitern anlassbezogen einberufen werden. Durch diese Besprechungsstruktur entsteht eine unheimliche Effizienz in der Organisation. Auch den Wissensaustausch zwischen den Teams und den Ausgleich konjunktureller Schwankungen organisiert FAVI organisch, indem sich ausgewählte Vertreter von Teams wöchentlich zu nur einige Minuten dauernden Treffen zusammenfinden. Zum Beispiel wird dort dann eine eventuelle Überlastung eines Teams angesprochen. Mit dieser Information gehen die Vertreter in ihre Teams zurück und fragen, welche Mitarbeiter temporär zur Unterstützung des überlasteten Teams zur Verfügung stehen können. Der notwendige Wissenstransfer ist bei FAVI dadurch gewährleistet, dass es einen Ingenieur gibt, der übergreifend tätig ist und sein Wissen als Beratungsleistung ohne Weisungsbefugnis den Teams zur Verfügung stellt.

In einer pyramidalen Hierarchie sind Besprechungen auf jeder Ebene notwendig, und die übergeordneten Sichtweisen treffen sich auf der obersten Hierarchieebene. Aus diesem Grund werden Entscidungen in diesen Hierarchien nach oben transportiert, und hier herrscht oft eine akute Überforderung durch die Anzahl der Besprechungen, während die unteren Ebenen keinen Überblick oder Einblick in Entscheidungen haben und sich dadurch machtlos und ohne Mitbestimmung fühlen. FAVI legt die gesamte Verantwortung für einen Kunden in die Hände eines Teams und hat damit sehr großen Erfolg. FAVI ist in seinem Segment der einzige Betrieb außerhalb Chinas und hat noch dazu einen Marktanteil von 50 Prozent. Es mussten trotz vielfacher Konjunkturschwankungen noch nie aus konjunkturellen Gründen Mitarbeiter entlassen werden. Und es gelang unter Einbeziehung aller Mitarbeiter in die Lösungsfindung bisher immer, schwarze Zahlen zu schreiben. Die Fluktuation von Mitarbeitern ist nahe null – kaum ein Mitarbeiter, der die verantwortungsvolle Arbeit bei FAVI kennengelernt hat, kann sich vorstellen wieder in einer fragmentierten, hierarchischen Organisation tätig zu werden.

> **Es ist sinnvoll, die gesamte Verantwortung für einen Kunden in die Hände eines Teams zu legen.**

Perspektivwechsel: Teil VI

Abschluss des Gesprächs mit Prof. Dr. Julian Kawohl

Was sind denn ganz konkrete erste Schritte für Unternehmen, die den Tsunami der Veränderungen sehen und sich fragen, was sie tun könnten?

Natürlich gibt es da keine Patentrezepte, aber es gibt zumindest Stoß-richtungen. Setzen wir voraus, dass von oben erkannt wurde, dass Handlungsbedarf besteht. Dann sollte der Vorstand sehr schnell gemeinsam mit dem Aufsichtsrat ein Zielbild und eine strategische Positionierung entwickeln, die wirklich weit gedacht sind und aus der üblichen vorhin skizzierten inkrementellen Verbesserungslogik ausbrechen. Danach geht es darum, Mitarbeitern erste Zeichen, die eine Veränderung markieren, zu geben. Das können Dinge sein, wie sie Volkmar Denner, der Vorsitzende der Geschäftsführung von Bosch, kürzlich angekündigt hat: Boni und Krawatten abzuschaffen. Man mag das zunächst für Aktionismus halten, wenn er das aber durchhält und mit weiteren Maßnahmen kontinuierlich fortfährt, ist das der richtige Weg. Außerdem sollte man sich wirklich anschauen, wie andere Organisationen im Bereich Hierarchie und Kultur ticken, beispielsweise Unternehmen wie Buurtzorg, Google, Spotify und viele nicht ganz so bekannte Start-ups. Dabei ist es wichtig, bei einer Stippvisite in diesen Unternehmen nicht einfach durchzulaufen wie in einem Zoo mit der Haltung »Alles schön und nett, aber bei uns kann das nicht funktionieren«, sondern sich wirklich zu fragen, wie es gehen kann. Und danach ist es verdammt harte Arbeit. Die Veränderung muss mit enorm hoher Priorität auf die Agenda von Vorstand und Aufsichtsrat kommen. Wichtig ist dabei auch, dass der Führungsmannschaft unmissverständlich klar wird, wie ernst es dem Vorstand und dem Aufsichtsrat ist, nur dann kann eine breite Veränderung in der Organisation beginnen. Das wäre meine Empfehlung für die ersten Schritte.

Schlussakkord

Ich freue mich sehr, liebe Leserinnen und Leser, dass Sie meiner Reise bis hierhin gefolgt sind! Die Art, wie wir miteinander arbeiten und unsere Unternehmen organisieren, um dem Bewusstsein und den Anforderungen der heutigen Zeit gerecht zu werden, steht vor einem großen und notwendigen Veränderungsschritt. Vielleicht geht es Ihnen damit wie mir? Ich bin dankbar und finde es sehr spannend, als Beobachterin und Teilnehmerin diesen Wandel begleiten zu können. Und ich freue mich auf Diskussionen und Begegnungen mit Ihnen, denn ich bin davon überzeugt, dass wir gemeinsam in diesem Boot der Veränderung sitzen. Lassen Sie uns gemeinsam die Segel setzen!

Über die Autorin

Pia Struck ist als Kind einer schwedischen Mutter und eines deutschen Vaters im Spannungsfeld von zwei Kulturen aufgewachsen und hat seit frühester Kindheit den starken Widerspruch zwischen der deutschen individualistisch geprägten Leistungskultur und der schwedischen sozial orientierten Gemeinschaftskultur gespürt.

Nach dem Studium der Betriebswirtschaftslehre hat sie zunächst mehrere Unternehmen gegründet, für die sie mit verschiedenen namhaften Preisen ausgezeichnet worden ist. Nach dem Verkauf der Unternehmen arbeitete sie fünf Jahre in der Strategieabteilung eines multinationalen Konzerns. Seit über zwölf Jahren ist sie nun als selbstständige Organisationsberaterin tätig, begleitet Veränderungsprozesse und unterstützt Führungsteams sowie Leader in ihrer Entwicklung.

Pia Struck ist davon überzeugt, dass die Arbeit in Gemeinschaften und die Förderung und Erhaltung der Kreativität der Schlüssel für ein gelingendes Leben sind. Auch deshalb hat sie gemeinsam mit vier weiteren Menschen im Jahr 2009 die »Bilinguale Montessori Schule Ingelheim« gegründet. Ihre Hobbys sind neben dem Lesen vor allem das Reisen, Yoga, Wandern und Joggen. Pia Struck lebt mit ihrem Mann und ihren beiden Kindern in Bingen am Rhein.

Weitere Informationen: www.piastruck.de

Literatur

Adler, Alfred: Der Sinn des Lebens. Köln: Anaconda, 2008

Adler, Alfred: Menschenkenntnis. Köln: Anaconda, 2008

Baron-Cohen, Simon: The Essential Difference. London: Basic Books, 2004

Beck, Don Edward & Cowan, Christopher, C.: Spiral Dynamics – Leadership, Werte und Wandel: Eine Landkarte für Business und Gesellschaft im 21. Jahrhundert. Bielefeld: Kamphausen, 2007

Bieri, Peter: Wie wollen wir leben? München: dtv, 2013

Bradberry, Travis & Greaves, Jean: Emotionale Intelligenz 2.0: Erhöhen Sie Ihre Sozialkompetenz und verbessern Sie Ihre Kommunikation. London: Talent Smart Verlag, 2009

Brand Eins: Bleib Dir treu (Marketing). Ausgabe 2 / 2015

Brandes, Dieter & Brandes, Nils: Einfach managen. München: Redline Verlag, 2013

Cook-Greuter, Susanne: Postautonomous Ego Development: A Study of its Nature and Measurement. Integral Publishers, 2010

Covey, Stephen: Die 7 Wege zur Effektivität. Offenbach: GABAL, 2005

Graves, Clare W.: Sein Leben, sein Werk: Die Theorie menschlicher Entwicklung. Mittenaar: Werdewelt, 2014

Han, Byung-Chul: Psychopolitik. Frankfurt: Fischer, 2014

Harvard Business Manager: Teamwork. Ausgabe 02 / 2015

Harvard Business Review: The Evolution of Design Thinking. Ausgabe 09 / 2015

Hüther, Gerald: Bedienungsanleitung für ein menschliches Gehirn. Göttingen: Vandenhoeck & Ruprecht, 2001

Hüther, Gerald: Was wir sind und was wir sein könnten. Frankfurt: Fischer, 2013

Kahnemann, Daniel: Schnelles Denken, langsames Denken. München: Pantheon, 2014

Kruse, Peter: next practice. Erfolgreiches Management von Instabilität. Offenbach: GABAL, 2004

Laloux, Frederic: Reinventing Organizations. München: Vahlen, 2015

Largo, Remo: Lernen geht anders. Hamburg: edition Körber-Stiftung 2014

Luhmann, Niklas: Soziale Systeme: Grundriß einer allgemeinen Theorie. Berlin: Suhrkamp, 1987

Maslow, Abraham: Motivation und Persönlichkeit. Berlin: Rowohlt, 1981

Picketty, Thomas: Das Kapital im 21. Jahrhundert. München: CH. Beck, 2014

Rifkin, Jeremy: Die empathische Zivilisation: Wege zu einem globalen Bewusstsein. Frankfurt: Fischer, 2011

Rifkin, Jeremy: Die Null-Grenzkosten-Gesellschaft: Das Internet der Dinge, kollaboratives Gemeingut und der Rückzug des Kapitalismus. Frankfurt: Campus, 2014

Simon, Fritz B.: Einführung in die systemische Organisationstheorie. Heidelberg: Carl-Auer-Verlag, 2015

Sunstein, Cass & Thaler, Richard: Nudge. Berlin: Ullstein Verlag, 2010

Wehr, Gerhard: Jean Gebser. Petersberg: Via Nova, 1996

Welzer, Harald: Selbst denken. Frankfurt: Fischer, 2014

Wilber, Ken: A Theory of Everything. Boulder: Shambala, 2001

Wilber, Ken: Ganzeitlich handeln. Freiburg: Arbor, 2010

Register